日本の国際協力に武力はどこまで必要か

東京外国語大学教授
平和構築・紛争予防講座長
伊勢﨑 賢治＝編著
元参議院法制局第三部長
播磨益夫
元国連PKO上級幹部（アイルランド人）
デズモンド・マロイ
憲法9条研究者（ノルウェー人）
グンナール・レークビィック

高文研

もくじ

カバー・本文写真　伊勢﨑賢治
装丁　商業デザインセンター・松田礼一

現実を直視した議論の場を！

編著者　伊勢﨑賢治

この本の書名は「日本の国際協力に武力はどこまで必要か」となっています。この書名自体に、すでに〝政治的偏向〟を読み取るのが、今の日本国内の風潮といえるでしょう。

つまり、いわゆる「改憲派」、もしくは「自衛隊海外派遣推進派」にとっては、この問いかけ自体が「武力は必要ない」という結論を示唆している、ととらえられるだろうからです。したがってこれは、自衛隊の存在を否定したい勢力からの巧妙な誘導尋問的な問いかけと映るかもしれません。

ここのところが、つい最近まで国外でアフリカの貧困対策や国連平和維持活動の現場に身を置いてきたため、日本国内の政治に疎《うと》かった私が、政治的ではなく現実的な観点から「憲法九条は国際紛争解決に活用できるし、それは日本にとっての国益にもなる」というメッセージを発したい時、いつも悩むことです。

私は、国際紛争をあつかう現場においては、非軍事的なアプローチだけでは「人間の安全保障」が維持できないということを、身をもって体験してきました。その体験から、自衛隊の存在を否定する立場には立っていません。まず「護憲」ありきという主張、つまり護憲という政治的一視点だけから現実を見るという立場はとっていません。

紛争現地での体験、とくにアフガニスタンでの経験に立ちつつ、「護憲」の主張をしはじめて以来、同じ護憲を主張する人たちと交流、協働するようになって、その立場を維持することがかなり難しくなっている昨今ではありますが、少なくとも特定の政治的視点からだけ現実を見ないということは、常に自分自身に戒めているつもりです。

——人間が、自らが招いたわけではない理由で大量に殺される状況を回避するにはどうしたらよいか？

紛争現場で平和構築を実践し、研究している者として、何よりもこの観点から、現実を、世界の動向を、そして日本の政局を観てゆきたいと思っています。

しかし、何を言っても〝政治的偏向〟のバイアスをかけて見られてしまうこの日本で、この思いをどう伝えればいいのか――。これが、この共著書を企画した動機です。いわゆる絶対平和主義ともいえる護憲派の方々と一緒の作業ではなく、国連の一加盟国としての責務の自覚から軍事を直視する重要性を説く法律家、そして日本のポリティックスからはまったく縁遠いが、しかし日本の今後の行方には強い関心を持つ二人の外国人研究者をパートナーとして、私はこの本を企画しました。

三人の主張は、私と異なる部分もありますが、九条の国際公益性を認める点においては共通しています。

同じ国際公益性と、そして国益の観点から、反対の「改憲」の立場をとる人たちとも、感情論的対立を越えて、現実を直視した議論の機会が、本書を通して創《つく》られることを切に願っております。

（２００８年２月）

紛争地の現実と自衛隊派遣

——アフガニスタンでの「武装解除」取り組みの体験から

東京外国語大学教授
平和構築・紛争予防講座長
伊勢崎 賢治

1 アフガン現地では知られていなかった日本の給油活動

✣アフリカ・シエラレオネで知った「9・11」

二〇〇一年九月一一日、米国で同時多発テロが起こり、ブッシュ米大統領が「テロとの戦い」を宣言し、タリバン政権下のアフガニスタンに報復攻撃を開始すると、小泉首相は直ちに「支持」を表明しました。このテロとの戦いに参加するには法律が必要ということで、テロ特措法の制定に入っていきます。

テロ特措法は同年一一月に制定されましたが、その時すでに自衛艦がインド洋に向けて航行中でした。法律に続いて基本計画が作られ、まもなく給油活動に入っていきます。この法律は二年間の時限立法でしたが、二年たってもアフガニスタンの状況は変わらないということで、〇三年一〇月に改正して二年間延長しました。そして二年がたった〇五年一〇月、また一年延長し、翌〇六年にも延長、しかし〇七年は七月の参院選で与野党の議席数が逆転して、一〇月末の期限までに延長ができませんでした。

そこで与党は、インド洋での給油活動を続けるためには、新たなテロ特措法を制定せざるを得なくなり、参議院で否決された法案を衆議院に戻し三分の二を超える多数で成立させた、というのがこれまでの経緯です。

以上の経過のうち、とくに前半のことは私は後から知ったことです。というのは、9・11が起こった時、私はアフリカにいて、日本にはいなかったからです。

9・11の時は国連のスタッフとして、シエラレオネのフリータウンに駐在しており、あの事件も、国連本部の中で他の職員たちと見たCNNの映像で知りました。私の任務は民兵の武装解除で、アフリカのミッションですから、同僚の幹部もアフリカ人が多くを占めていました。

まず感じたのは、あの事件を「戦争」ととらえた報道に対する違和感でした。事件が起きて六時間後には、「アナザー・パールハーバー」(第二のパールハーバー)という言葉が使われ始めました。「戦争」という位置づけが早くも六時間後にニュースの中でなされていたわけです。

しかし、日本のテロ特措法の動きというのは、わかるはずもありません。後々になって、小泉純一郎首相がいち早く「支持する」と宣言したことを知りましたが、そのことをCNNのニュースで見た記憶はありません。たぶん、報道されなかったと思います。

アメリカの言い分は、一応、国連憲章でも保障されている――もっとも、保障されているだけで積極的に行使せよとは書かれていませんが――個別的自衛権の行使です。その個別的自衛権を行使して、アメリカが報復攻撃を始めたということです。その米軍のアフガン空爆を支援するために、自衛艦がインド洋に派遣されているなんてことは翌〇二年一月にシエラレオネのミッションを完了して、三月に日本に帰国するまでまったく知りませんでした。

✣空爆が生み出すコラテラル・ダメージ（第二次被害）

アフリカという西欧諸国の植民地となって収奪され続けてきた「被害者」側の国にいると、自ずから空襲されている側に想像が及びます。なぜ米国は、世界最貧国の、脆弱なアフガニスタンを報復攻撃したのか？　最新鋭の兵器を駆使して攻撃するわけですから、一般市民もただじゃすまないと思った。「これはコラテラル・ダメージ（collateral damage＝第二次被害）が大きく出ているんじゃないか」という意識がありました。

米軍の「不朽の自由作戦」（ＯＥＦ〈Operation Enduring Freedom〉）は、テロリストを抹殺するという性格のものですから、大変攻撃的な作戦です。そして、なるべく米兵や同盟国の兵士に犠牲が出ないよう効率的に敵を殺すために、空爆主体の戦術を使います。ところが問題なのは、テロリストは一般の人々の居住区にまぎれ込んでいるのです。だから、テロリストがいるらしいという情報を受けて、その場所を空爆する。その破壊力は大変大きいものですから、当然テロリストとは関係の無い人々が犠牲になる。子どもたちもです。こういうのを「コラテラル・ダメージ」と言いますが、この犠牲者が大変な数になっているのです。報道によると、二〇〇一年の報復攻撃のときだけで、同時多発テロのニューヨークの世界貿易センタービルで犠牲になった人数、約三千人を超えているということですし、その後も、今この現在まで、犠牲は増え続けています。

今、アフガニスタンの世論は、反米意識がますます強くなっています。今までは米軍はタリバンを追い出してくれたからというので、タリバンと無関係な人々が巻き添えで死んでも黙っていたところがありました。しかし、コラテラル・ダメージがこれほど積み重なってくると、もう我慢の限界でしょう。それがわかるから、米軍もテロリストへの攻撃にあたっては慎重にならざるを得なくなった。事実、二〇〇七年になってから、OEFの中で「テロリストを深追いするな」という命令が出されたと聞いています。

しかし、テロリストを追いつめない掃討作戦というのは、そもそも軍事作戦として成り立たない。それだけ問題が深刻化しているということです。タリバンもそのへんがよくわかっていて、米軍は完全に足元を見られているという状況ですね。だから、テロ活動は今後ますます増えていくでしょう。

✣当初、アフガン復興を主導したのは日本だった

二〇〇二年一月、東京でアフガン復興会議が始まりました。これについては、アフリカにいた私のところにも結構情報が入ってきました。私の友人のピース・ウィンズ・ジャパン（ＰＷＪ）の大西健丞さんが、外務省や鈴木宗男衆議院議員らによって復興会議から排除されて、それが大きなニュースになりました。だから、私の関心はテロ特措法ではなく、復興会議に向いていました。

その大西さんが中心となって、復興会議に並行してＮＧＯ会議の開催を企画したんです。日本の対アフガン支援においては、ＮＧＯも国策の一環として組み入れられていました。

その前年に大西さんたちのアイデアで「ジャパン・プラットホーム」ができていました。この組織は、政府や経団連などの民間団体からの資金の「受け皿」とでも言うべきもので、そこから緊急援助活動に取り組むＮＧＯに資金を提供するというシステムです。

大西さんは私より一〇歳くらい年下ですが、一〇年くらい前、彼がＰＷＪを立ち上げたあたりからのつきあいです。これまで、日本ではＮＧＯというと「ボランティア」というイメージでしたが、彼はあたかも革命児のように登場してきて、「プロフェッショナルなＮＧＯ」を主張しました。その主張は私が著作『ＮＧＯとは何か』（藤原書店）で書いたのと同じ主旨で、私もやっと〝同志〟が現れたと思い、たいへん心強かったのを思い出します。

ジャパン・プラットホームができ、NGO会議をめぐって、鈴木宗男さんからの「恫喝事件」があって、彼は一躍、時の人になりました。その後、イラクでの彼のグループの活動はマスコミでたびたび報じられました。

この東京でのアフガン復興会議で、日本の資金援助が決まりました。プレッジ・セッション（pledge session）というのですが、アフガンのためにこれだけ資金が必要だということで国連や世界銀行が予想を立てると、それに対して日本はいくら出す、A国はいくら出す、B国はいくら、ということをやって、お金を積み上げていくのです。

だから、東京でのこの第一回復興会議がすべてのキックオフ、ここからアフガニスタンの復興が始まっているんです。この時、日本は、最初の復興会議のホスト国ですから、正式の政権が樹立されるまでの向こう二年半の間に五億ドルまでの支援を約束しました（『外交青書』二〇〇二年版）。アフガン支援においては、日本は当事者中の当事者で、まさに「主役」だった。

✣お先真っ暗だったアフガニスタンの治安問題

ただ、この時の復興会議では、治安をどうするかという部分が抜けていました。実は、治安をどうするかという問題については水面下でG8（日本、アメリカ、イギリス、フランス、ドイツ、イタリア、カナダ、ロシア）の間に動きがあり、二〇〇三年から私はその動きに関わるようになります。

シエラレオネから帰って半年後の二〇〇二年九月、私は国際協力銀行（JBIC）からアフガニスタンの調査を委託されて、現地に行きました。JBIC（Japan Bank For International Cooperation）は、一九九九年に日本輸出入銀行と海外経済協力基金が統合されて発足した、政府全額出資の金融機関です。

日本のODA（政府開発援助、Official Development Assistance）には無償・有償・技術協力の三種類がありますが、無償は主に外務省を中心に、技術協力はJICA（国際協力機構〈Japan International Cooperation Agency〉）が担当し、有償についてはJBICが担当しています。これまでは、これらがバラバラに活動してきているので、将来は全てを統合するという動きがあります。

JBICからの依頼は、いつアフガニスタンで有償でやっていけるようになるか、つまり戦後復興というのは基本的にタダ、無償援助の世界ですが、いつになったらアフガニスタン政府が自前の責任で金を借りて国づくりを継続させられるか、それを調べてきてほしいということでした。私を含む三人の研究者が派遣されましたが、私は治安の部分を担当しました。これが私にとって初めてのアフガン訪問でした。私の役目は、国連の特別代表や現場の各主要国の大使、米軍の指揮官などにインタビューして、アフガニスタンの治安の状況を分析し、有償の資金援助ができる可能性、アフガニスタンの治安の安定度を予測するわけです。

そのとき出した結論が、「全く見通しが立たない」というものでした。なぜなら、まだ「武装解除」も始まっていないし、不安定要素がたくさんあるので、何もできないと判断したのです。そうした中、私が目をつけたのが、ＳＳＲ〈治安分野改革〈Security Sector Reform〉〉でした。その前提となるのが、武装勢力のＤＤＲ（武装解除＝Disarmament、動員解除＝Demobilization、社会再統合＝Reintegration）です。

私は、アフリカのシエラレオネでこのＤＤＲを成功させていますので、現場の国連のスタッフの間ではかなり名前が通っていました。彼らといろいろ意見交換をしましたが、みんながそろって言うのは、「アフガニスタンでは武装解除はできない。そんなことは口にすることもできない」ということです。相手は、例えて言うなら日本の〝戦国時代の武士〟

――ムジャヒディン（聖戦の戦士）ですから、刀（武器）を捨てろなんてとても言えないというわけです。

だから、ＤＤＲではなく、ＲＤＤにする、と。つまり「武装解除」は後まわしにして、まず「恩恵」だけ与える。まず「恩恵」を与えて少しでも生活が向上すれば、自然に武器を手放すんじゃないかと、そういう甘い考えでした。これが当初、国連が考えたシナリオです。

私はそれを聞いて、「そんなことでは絶対に武装解除はできない」と言った。なぜかというと、一度、甘いものを与えたら、さらにそれ以上のものを求めてくるだろう、なんだかんだ理由を付けて武装解除を引き延ばしてくるだろう。つまり、武装解除は永久に終わらないと、経験的にわかっていたからです。

多民族間で武力闘争を繰り返してきたのがアフガニスタンの歴史です。そうした複数の武装グループを「軍閥」と呼びますが、普段は仲が悪い彼らも、共通の敵を持った時には一時的に団結する時がある。それが、日本もモスクワ・オリンピックをボイコットすることで抗議表明したソ連の軍事侵攻（一九七九年）で、外敵ソ連に対する聖戦です。ソ連が撤退（一九八九年）すると、また内戦状態になり、その混乱に乗じてタリバンが台頭する。

私兵の民兵組織を率いるアフガンの「軍閥」の一人（中央に立つ白衣の人物）。
この人物は地元の名士でもあり、来る選挙に出馬する意向も示していた。

そこで、二〇〇一年の同時多発テロに対するアメリカの報復攻撃に協力し、タリバンを相手に「北部同盟」として対テロ戦を戦い、タリバン政権を崩壊させました。

ここでアメリカは考えるわけです。なぜアフガンの地が、アメリカを本土攻撃するようなテロリストを生んだのか？それはこの地が、内戦に明け暮れた群雄割拠の歴史だったからだ。だから、二度とそうさせないためには、この地に安定した政権、それも親米の統一政権をつくらなければならないと。それには、障害がある。対タリバン戦の協力者である軍閥たちです。この頃の彼らは、アメリカが自分たちを粛清するという意図を敏感に感じ取っていて、タリバン統治時代には強権的に制御されていた麻薬栽培をそそくさと復活させ、密輪で得た資金で軍備をさらに増強し、新兵を雇い入れ始めていた。これが、武装解除を始めようとした時の状況です。

✣ついに引き受けたムジャヒディンの武装解除

すると、外務省から私に「武装解除を日本が担当することになったので、日本政府代表の外交官として行ってくれないか」と言ってきました。たぶん、その背景には、東京で復興会議をやり、多額の援助資金を拠出することにしたものの、外務省には「湾岸戦争トラウマ」があって、金だけ出して軍事的な関与をしていないという〝後ろめたさ〟があった。国際社会の中での日本の地位、プレゼンスを上げるには、あえて治安対策にも関与しなければならない、という焦りがあったと思うのです。

この当時、先ほどの大西さんと鈴木宗男議員の騒動があって、さらに外務大臣だった田中真紀子さんが更迭され、川口順子さんが大臣になっていた。その川口さんが、二〇〇二年五月、アフガンに行った時に、日本がＤＤＲを引き受けないかと言われて、受けてきてしまったのです。アフガンの治安については、先述のようにＧ８が主導していて、国軍の創設をアメリカ、警察の再建をドイツ、司法の整備をイタリア、麻薬対策をイギリスが担当するということで合意ができていたのですが、かんじんのＤＤＲをどこの国が引き受けるか、この担当部署だけが空席だったのです。一方、この時には「復員省」の構想が浮上していました。

この当時、日本政府はＤＤＲの概念がわかっていなかったと思います。甘い認識しか持っていなかった。そのことを示す良い例があります。外務省のホームページで『ＯＤＡ大綱』を読むことができますが、この中でＤＤＲについては「元兵士の武装解除、動員解除、社会復帰」と説明している。「元兵士の武装解除」というのは形容矛盾です。武装解除された兵士が「元兵士」になるわけですから。では、なぜこんな変な訳をしているかというと、正直に「兵士」と書けば、日本の血税を兵士、つまり軍事組織に使うのか、という批判が当然〝左〟から来る。途上国の国際空港建設のＯＤＡ支援でも、滑走路の端を国軍がたまに使うだけで、支援の是非がスッタモンダとなるのがわが国の政局であり、世論のレベルです。「元兵士」なら一般の民への恩恵であるから批判を回避できる。

そういう認識しか持っていなかった日本政府が「復員省」構想に手を挙げてしまった。しかし、国際常識としては、ＤＤＲとは「まず武装解除」ということなんです。武装解除とは、相手の軍事組織を直接いじくることですから、当然、軍事オペレーションです。こうした背景で、その話が私のところに来たというわけです。

私としては、当時、立教大学に採用されたばかりで、いきなり辞めるというのは道義的にできない。そこで、大学に籍を置きながら現地に駐在するという方法をとりました。

そういう経緯があって、現地に赴任したのが二〇〇三年二月です。そこで二週間かけてつくった「武装解除」の計画は、RDDではなく、やはりDDRでした。それについて現地でコンセンサスをつくり、それから東京に戻ってきて「アフガニスタン『平和の定着』東京会議」を開催しました。この会議で、このために再び来日したカルザイ大統領が、私が調整したDDRの計画に沿ってアフガン政府の治安部門の改革をすすめることを宣言し、前年一月に行われた「アフガニスタン復興支援東京会議」と同じように、その計画に対して各国が拠出金をプレッジしました。金額は、日本が三五〇〇万ドル、アメリカ一〇〇〇万ドル、イギリス三五〇〇万ドル、カナダ二二〇〇万ドルでした。

✣アフガン現地では全く知られていなかった日本の給油活動

このように日本がアフガニスタンでのDDRを引き受けた背景には「湾岸トラウマ」が

あったわけですが、実際に日本はアフガンに関して何もやっていなかったわけではない。この時すでに海上自衛隊はインド洋でずっと給油活動をやっていました。

しかしこの「給油活動」については、アフガニスタンにいるわれわれの意識にはまったく入っていなかった。現地ではいろいろな会議があり、そこでは、日本は何をやっている、イギリスは何を……というふうに情報が飛び交います。そうした場でも、われわれ、そして日本の大使館でさえ、インド洋での給油活動をアフガニスタンへの貢献と認識していませんでした。

例えば、そのころ治安がきわめて悪かったので、各国の大使館も治安対策に動いていました。かりにカブールが攻撃されたら、避難をどうするか。国外に脱出するために空港まで行かなくてはならないが、空港までどうやって移動するか。アメリカ大使館であれば、米軍に守られて行きます。イギリス、フランスもそうです。では、日本はどうするか。NATOが指揮するISAF《アイザフ》（国際治安支援部隊）がいますが、日本はその活動には参加していない。すると、ISAFは部隊を拠出している国順に助けに行きますから、それでいくと日本の優先順位というのは三〇位くらいになっていた。

日本はISAFには参加していないが、米軍指揮下のOEF（不朽の自由作戦）には参加してインド洋で米国その他の国の艦艇に給油していました。つまりISAF同様、「国際協力」の旗の下で活動しているわけですから、日本大使館の安全確保の優先順位を上げることを主張する当然の権利があったはずです。しかし、われわれ大使館の人間の頭の中には「給油活動」のことが全く入っていなかった。

カルザイ大統領も、こちらが言うまで全く知りませんでしたし、アフガン政府の高官に会う時も、日本の「給油活動」のことは全く話題に上りませんでした。当の日本人でさえ意識から抜けていたのだから、当然かも知れません。いちいち確認したわけではありませんが、給油活動のことは、少なくとも私の意識からは飛んでいました。

✣アメリカが提案したPRT（地域復興チーム）

こうして、二〇〇三年三月から武装解除を始めることになったのですが、ところがアメリカの担当だったアフガン暫定政府の国防省改革が手間取って、六カ月ほど延びてしまいました。この間、武装解除の準備をすすめていったのですが、私が考えたシナリオで警戒したのが、「力の空白」が生まれることでした。武装勢力が対抗しあっているところで、一方だけ武装解除すれば、必ず「力の空白」が生まれる。アフガニスタンの場合、武装解除の対象とはアメリカと一緒にタリバン戦を戦った北部同盟の軍閥たちです。タリバン政権崩壊後、今度は彼ら自身がアフガン統一政権樹立の障害となり、軍閥同士で戦闘を始めたり、国内治安に対する脅威になっていったわけでしたが、「外敵」に対して抑止力となっていた武装勢力をなくしてしまったらどうなるか？ 北部同盟を武装解除すれば、「外敵」タリバンが盛り返してくるのは間違いないことです。

それをどうするか。国連はＰＫＦ（平和維持軍）を出せない。ＮＡＴＯのＩＳＡＦ（国際治安支援部隊）はどうか。当時、現地のＮＧＯのコミュニティーも、国連も、ＮＡＴＯに対して出動を要請していましたが、ＩＳＡＦは首都カブールから絶対に出ていきたくない。カブール以外のところは危険すぎるからです。カブールでさえ苦労しているのに、アフガン全土の治安維持の目的のために部隊を出すわけがない。すでにイラク戦争も泥沼化していました。警察機能を目的にして外国の部隊がイスラム社会の中で展開するということがどれだけ危険なことか。ＮＡＴＯは非常に躊躇していたのです。

では、この「力の空白」を避けるためにどうしたらよいか。そこで目をつけたのが、ＰＲＴ（地域復興チーム〈Provincial Reconstruction Team〉）方式です。米軍が提唱したものなんですが、もともと米軍には、軍隊を派遣する時、現地の人心掌握のために「道路を整備する」とか「学校をつくる」といった活動をする民政部門を担当する部隊を配備していた。しかし、アフガニスタンでアメリカの施設部隊が活動することは、反感を買う恐れが強い。コストもかかりすぎる。そこで考え出したのが、ＰＲＴという、文民の専門家を中心に、これに最小規模の警護部隊が加わった軍民連携の小規模復興支援チームです。これだと、イギリスやフランスのような大きな同盟国でなくても、中堅国でも参加できる。そして、部隊の任務はあくまで自らのチームの警護ですから、現地社会の反感も買いにくい。

アメリカはこれを軍事作戦上の出口戦略（Exit Strategy）の一環として明確に位置づけていきました。アメリカには出口戦略が二つあって、一つは自分たちの始めた戦争をいかに国際化するか。要するにコストを分散するために、いかによその国を巻き込むかということです。いま一つは、攻撃主体の作戦から治安維持のための作戦への移行、最終的には国際部隊が撤退し、現地の政権に治安責任を引き継がせるということです。これを背景に、ＰＲＴが考え出されたわけです。革命的ともいえるアイデアでした。

アメリカがこのＰＲＴキャンペーンを始めた時、ＩＳＡＦ参加国の中で最初に手を挙げたのがドイツでした。ドイツはＩＳＡＦでずっと活動していたわけですが、カブール以外の地域でも活動するというので、アフガンで最も安全とされる北部への展開を引き受けました。しかし、それでも、ＰＲＴへの他の参加国は少なかった。

さてそこで、武装解除を担当することになった日本はどうするかです。武装解除を実行するには、「力の空白」の対処のために最低限の治安部隊がいる。まったくの丸腰で武装解除をすすめることはできない。そこでＩＳＡＦにその役目を頼みたいが、ＩＳＡＦは治安部隊としてカブールから出ていかない。結局、ＰＲＴしか頼れるものがなかった。当時は、アフガン政府には国軍もできていないし、警察もまだまだでしたから。私は、定期的に開催されていた前述のＧ８の会議に出席した際でも、「力の空白」への対処無しに武装解除を進めれば、武装解除そのものが治安悪化の元凶になる、ＰＲＴの展開は武装解除にとって最低限、不可欠である、と警告したのです。

✣米戦略上は一直線につながっていたアフガニスタンとイラク

実はこの時、私は「自衛隊を出したらどうか」と考えていたのです。なぜかというと、武装解除の責任国である日本が、足並みの揃わない各国にＰＲＴを出してくれと要請しているのだから、日本が率先してそれを出さなければ何の説得力もないだろうということもありましたが、同時に「イラクに出すよりましだろう」という気持ちもあった。イラク戦争には国連決議はないけれども、アフガニスタンには国連安保理決議一三八六号があった。つまり、「大義」があったからです。でもこれは二〇〇三年当時のことで、今は、後に述べる理由で、私はそう考えていません。

しかしこの時は、現場にいる人間がみんな同じように考えていて、現地アメリカ軍の首脳もそう考えていました。私たちの現地アメリカ軍のカウンター・パートナーは、カール・アイケンベリーという少将（当時）でした。後に中将に昇進し、OEFの最高司令官になった人です。

当時、現地アメリカ軍には二つのコマンドがあって、一つはOEFを担当するカブールの郊外、バクラム空軍基地の駐屯部隊、もう一つがこのカール・アイケンベリー少将がセキュリティー・コーディネーターとして指揮をとっていたSSR（治安分野改革〈Security Sector Reform〉）です。

バクラム空軍基地の司令官も少将でしたから、アメリカにとって、OEFとSSRは戦略的に同格のものとして考えられていたことがわかります。後にこの二つは統合されるのですが、その時はバクラム空軍基地のコマンドがSSRに統合されることになりました。これからもわかるように、アメリカの戦略は、まず土台であるSSRを重視し、その上に国際部隊の作戦を展開するという考えに立っていました。しかしそのことを、日本は今でも理解しようとはしない。

アメリカ軍にとっては、アフガニスタンとイラクは戦略上一直線につながっていて、先行するアフガンの教訓——例えば国軍の作り方とか、ＰＲＴによる出口戦略——はイラクにも適用するということも考えていました。そういう考えにもとづいて、自衛隊にもＰＲＴへの参加を言ってきたわけです。この時は、イラクがだめならアフガニスタンでというふうに、アフガンとイラクはバーターがきく問題だった。それをうまくやったのが、ドイツとフランス、カナダです。フランスやドイツはイラク戦争には反対し、それぞれの国民に対して「大義」を示しましたが、アフガニスタンではしっかり対米協力をやっているわけです。したがって米国との関係はぜんぜん悪くない。

そういうことが見えていましたから、現場にいる私としては、国連決議の大義を守りながら、なおかつ対米協力ができるというオプションが存在したのに、なぜ日本はその逆をやったのかと、本国の政治判断をおかしいと思っていました。ドイツが最初にＰＲＴに手を挙げたのだから、日本も一緒に自衛隊をＰＲＴにしたらいいんじゃないか——今から考えるとそれは間違っていたのですが——ＤＤＲの当事者としては当時そう考えていました。

✣日本がすすめてきた、もう一つのアフガン復興支援

海上自衛隊によるインド洋の給油活動については、アフガン現地では全く知られていなかったけれども、アフガン国内での日本のNGOの活動はよく知られていました。日本ではほとんど報道がないので知られていませんが、一〇〇人を下らない日本のNGO関係者がアフガニスタンで活動してきました。

その一つに、私が副理事長をやっている「難民を助ける会」というNGOがあります。これは当初は、日本政府の公的資金の受け皿であるJP（ジャパン・プラットホーム）の一環として行って、今は国連を通じての資金で地雷回避教育をやっています。アフガニスタンには地雷が星の数ほど埋まっていますから、一世紀かけたって除去しきれない。そこでどうするかというと、「地雷に触るな」というしかないのです。子どもたちが地雷の被害に遭わないように学校教育と連動した教材づくりでは唯一の組織として、アフガニスタン国内でたいへん高い評価を得ています。地道な活動ですが、このお陰で救われている子どもたちの数は計り知れません。

そういったNGOは、私が知る限り四つ、五つあります。そのほか、日本政府から直接

資金を受けて活動しているNGOもあります。当然、〝日本政府の顔〟として活動してきたわけです。

日本ではアフガン支援といえばテロ特措法によるインド洋での給油活動ですが、アフガン現地において復興支援で〝日本の顔〟になってきたのは、DDR、そしてNGOの活動です。「東京会議」の時にはDDRの話もなかったし、日本はお金を出すしかなかった。当時は、在外公館はまだ機能していなかったし、JICAも動けない、ましてや危なくて自衛隊が行けるわけがないという時に、NGOに国策として公的資金を託したわけです。NGOは日本の国策を背負って、アフガニスタンに入っていったのです。

通常、国際会議が開催される時には、並行してNGO会議も開かれます。東京会議の時は、外務省が両方を支援しました。普通は、こういうことはやりません。例えば、第二回のアフガン復興会議はベルリンで行われ、NGO会議も並行して開かれました。しかし、ドイツ政府はそちらの方には金は出しません。NGO会議は、NGOたちの自主運営です。東京の場合は、日本政府はNGO無しでは存在感を示せないとわかっていたから、NGO会議の方まで支援したわけです。欧米の先進国ではこんなことはやりません。NGOのネーミングそのものが非政府組織、つまり政府から独立した組織ということですから、そのN

GOの独自性という点からすると、政府の援助からは、ある一定の距離を置く。

しかし日本の場合は市民社会が育ってないため、ほとんど一〇〇パーセント公的資金に頼らざるを得ない。そこで出現したのが、先ほども触れた大西さんのアイデアです。彼は「お上《かみ》指向」の日本の特質がよく分かっていて、公的資金をNGOに効果的に出すための受け皿を作った。それがジャパン・プラットホーム（JP）でした。

ジャパン・プラットホームのようなものがあるのは日本だけです。これはNGOの概念とは相反するもので、日本の市民社会がまだ成熟しておらず、日本人が税金を払う以外に公共の福祉に投資するという認識を持っていない中でNGO活動をすすめる現実的な方策として生み出されてきたのです。そのJPに支えられて、メディアも取り上げないけれども、現地では〝日本の顔〟としてNGOは地道に活動してきたのです。

実際、地方はどうか知りませんが、カブールでは日本のNGOは知名度が高い。そして、絶対に忘れてはならないのが中村哲さんのところのペシャワール会で、医療や水源確保事業を長年地道に、それも公的資金に頼らずやっている。まさに日本市民の誇りです。

ただ、いま問題になっているのは、カルザイ大統領がNGOに対して良い印象を持っていないことを公言していることです。つまり、国際社会は人道援助というとNGOに資金を出して、アフガン政府の方へは金を回さない。そして、ＮＧＯの方は金を使っていろいろな汚職をやっていると。たしかにそういう団体もないことはない。特に現地のＮＧＯが。しかし、これは、発展途上国に一般的に見られる「政府のやっかみ」です。後述するように、アフガニスタンは現在、「世界最大の麻薬国家」として内政破綻が問題となっていますから、そういう政府機構を通して国際援助が使われたら、果たして本当に必要なところに援助が届くのか、という懸念は正当なものなのです。

✣日本が落ち込んだ政治的無策の穴

以上に述べたように、アフガニスタンに関して日本は、第一回復興会議からずっと関わってきましたが、国内での注目は、この時だけで、それ以降は給油活動ばかりが注目されてきました。〇七年末には、一一月一日でテロ特措法が期限切れとなったため、どうしたら新テロ特措法を成立させられるか、あるいは阻止できるか、ということが国会の最大の争点となりました。

しかしこれは不毛な議論で、私は国会で参考人として呼ばれた時も話したのですが、とにかくアメリカが対テロ戦の戦略として、根本に考えているのはアフガニスタンの安定なのです。アフガニスタンを安定させる土台として、ＳＳＲ〈治安分野改革〈Security Sector Reform〉〉があり、その上に対テロ戦がある。アフガン内政は依然として流動的であり、カルザイ政権につくのがいいことなのだと住民が理解しないと、タリバンの方へ行ってしまう。なにしろ国の人口の半分近くがタリバンを生んだパシュトゥーン部族系なのですから。つまり、対テロ戦とは、アフガンの内政問題なのです。

そのことを一番よく知っているのが、自ら血を流しているアメリカなのです。ＯＥＦ〈不朽の自由作戦〉を続行しながら、コラテラル・ダメージを制御できず、それで敵を増やしながら、同時にアフガンの安定を考えなければならないアメリカの苦悩を、なぜ理解しようとしないのか。

はっきり言ってしまうと、給油活動はどうでもいいのです。「役に立っている。立っていない」の議論は不毛です。役に立っていて当たり前なのです。タダで油をあげるのですから。私がここで言っているのは、給油活動がはたして、日本しかできない、日本だからこそできる、また軍事組織にしかできない活動であるかどうかです。給油活動は、はっきり言って、民間業者でもできる。特に、軍事活動のあらゆる分野がどんどん民営化しているこのご時世です。給油活動のようないわゆる兵站《へいたん》分野は、その極みです。

だとしたら、こういった国際軍事作戦に、「官軍」を出す意義とは何なのか。現地で「官軍」が問題を起こせば、即、外交問題になる。民間に任せれば回避できるリスクを、わざわざ背負おうとする動機は何か。

それは、「参戦」することによって示す政治的な意思表示、それ以外の何ものでもないでしょう。その軍事作戦に崇高な使命があったとして、「参戦」を表明することによって、自国の政治スタンスを明確にし、その戦争の「正義」の宣伝に努めるからでしょう。だったら、「参戦」を「宣伝」しなければ何も意味がない。周知させなくては、その「参戦」に政治的な意味はない。

しかし、先に述べたように、アフガニスタンにおいて自衛隊の給油活動は、一般国民、アフガン政府の首脳部だけでなく、治安問題に直接かかわっていた支援国側の首脳部にも、まったく認知されていなかった。昨二〇〇七年の九月、私はベルリンで開かれたアフガニスタンに派兵しているNATO諸国の会議に招かれました。各国の与党側の議員たちが、それぞれの反対世論と対峙しながらアフガニスタンへの軍事支援をいかに維持してゆくか、本音をぶつけるために開かれた非公開の会議です。そこでも、自衛隊の給油活動に対する認知度は皆無でした。というより、ちょうどこの時、給油活動の継続について安倍首相が

「職を賭ける」という報道がなされていたので、それでやっと認知されたのですが、それまでは知られていなかった。しかも、それを知った上で、一国のリーダーが職を賭けるようなことか、という皮肉まで言われました。

こういう瞬間というのは、自衛隊派遣の問題の是非を越えて、ただ、日本人として恥ずかしい。それだけです。

こちらが言う（騒ぐ）まで、誰も知らない。これは、知らせる努力を怠った、日本政府の単なる怠慢なのか。いや、結局アメリカだけが分かってくれていればいい、ということなのでしょう。だとすると、アメリカから軍事支援も含め多額の援助をもらっているという理由でアメリカに協力せざるを得ない、いわゆる発展途上国と、日本の違いは何なのでしょうか。

しかし、日本自身が騒いでこれだけ目立ってしまったので、これでやめてしまうと、日本が離れたということでアメリカの政治的立場を悪くしてしまう。だから、オルタナティヴ、代替案が必要になってきます。給油活動よりいい方法があるのだということを言わないと、何もしないで給油活動を止めてしまったら、アメリカにとっては痛手となる――と、こういう事態を、日本が自ら招いてしまった。本当に政治的に幼稚だと言わざるを得ません。

軍事作戦上、イギリスはアメリカの一番のパートナーであり続けてきましたが、日本はイギリスと違った意味での、違った方向でのパートナーになりうると思います。戦争は攻撃だけではありません。どう終結させるかというのがもう一方の大問題なのです。そしてそこでは、日本にしかできない部分があるのです。

2　私がたずさわった軍閥の「武装解除」

✣冷戦後に生まれたDDR

私は、最初は東ティモール、次は西アフリカのシエラレオネ、そしてアフガニスタンで「武装解除」にたずさわりました。武装解除というと、古典的なイメージとしては、たとえばポツダム宣言に書かれた日本軍の武装解除、つまり、戦争に敗れた国の軍隊が戦勝国によって武器を取り上げられるという光景でした。

しかし、近年、国際協力の中で使われている武装解除というのは、戦勝国が敗戦国に対して武装を解除するということとは全然違います。かつては国家対国家、つまり正規軍同士の戦いですから、勝敗ははっきりしていた。戦闘が終わっても、軍事組織の指揮命令系統は末端までそれなりに機能していた。

ところが冷戦後、一九九〇年代以降は国内の内紛がそのまま武力衝突になって、国家が破綻するというケースが増えてきました。どうしてそうなったのかについては、いろいろ議論があると思いますが、そうした事例が増えたことは間違いありません。

それとともに、いわゆる破綻国家に対して、内戦処理や復興のため「国際協力」ということでお金がたくさん動くようになった。一九六〇年代以降にはアフリカ諸国が相次いで独立していきますが、その当時には国際社会がその国づくりや民主主義の育成に、そんなに労力を注ぐことはありませんでした。しかし、今日は様相が異なって、国際社会が破綻国家のまま放置するということはなくなりました。あわせて、「復興」にあたっては、大きなお金が動くひとつの「業界」が形作られるようになりました。そういう背景の中で、DDRという概念が生まれてきたのです。

DDRは、先ほども述べたように、Disarmament（武装解除）、Demobilization（動員解

国連東ティモール暫定統治機構の民政官として筆者が県知事を務めていた当時に行った国連東ティモール暫定統治機構とインドネシア軍との円卓会議。インドネシア軍側は、西ティモール県知事のほか国境地区総司令官、警察の責任者など、こちら側はコバリマ県知事の筆者と、国連平和維持軍ＰＫＦ西部司令官、ＰＫＦコバリマ県歩兵大隊隊長などが出席した。

除)、Reintegration（社会再統合）の三つで成り立っています。平たく言いますと、正規軍ではない、民兵的な組織が国の内部で抗争して殺戮と破壊が広がり、人道的な危機が起こる。これを何とかしなくてはいけないという国際社会の関心がそそがれて、介入していく。そのさい、まず軍事組織を、説得し、交渉して、武装解除をする、その補償として恩恵、見返りを与える。つまり、銃を下ろさせる代わりに見返りを与えて、紛争の再発を防ぐ。これがＤＤＲです。基本的にお金で片を付けるということなのです。

✣東ティモールでの「武装解除」

私が最初に武装解除に関わったのは、部分的にですが東ティモールです。二〇〇〇年三月から〇一年五月まで、国連東ティモール暫定統治機構の民政官として、インドネシア国境沿いのコバリマ県の県知事を務めました。知事として約五〇人の国連民政官、約五〇人の国連文民警察、約二〇〇人の国連軍事監視団と約一五〇〇人の国連平和維持軍〈ＰＫＦ〉を統括しました。

東ティモールの場合は、ＤＤＲの対象になったのが「フリーダムファイター」たちです。彼らは「テロリスト」ではありません。そもそも、東ティモールの「フリーダムファイター」は、インドネシアに抵抗して独立を勝ち取ろうと活動した人たちですから、むしろ「ヒーロー」なわけです。

しかし復興にあたっては、彼らは阻害要因の一つになっていました。というのは、復興が進むにつれて、国外に逃げていた知識層が帰国して、国造りを牛耳《ぎゅうじ》り始めるわけです。その中で、独立のために命をかけた「フリーダムファイター」に対しては引け目を感じながらも、「国づくりはインテリの仕事」ということで、戦闘に関わった人々を今度は不穏分子になりかねないと排除してゆくことになります。当然、「フリーダムファイター」は抵抗し、新たなリーダーたちとの対立構造が生まれる。それで、ＤＤＲが必要になった。

そこで、国連を中心とする国際社会は文字どおり、お金でそれを解決しようとしました。ところが現場で「フリーダムファイター」たちと日々向き合っていた私が、彼らにこの話を持ちかけたところ、予想外の反応に出会うことになります。私たちは、彼らは「恩恵」をもらえるのだから喜ぶだろうとたかをくくっていたのです。しかし、それは彼らにとってみると「屈辱」だった。パルチザンの誇りというか、「自由と独立を勝ち取ったのだから、それ以上の恩恵はない」という考え方です。

このように東ティモールにおいては、国際社会の思惑と「フリーダムファイター」たちの考え方には大きなズレがありました。彼らの大半は「国軍」に採用されたのですが、その後二〇〇六年になって、国軍の一部の兵士たちは、その「インテリ」指導者に対してクーデターを起こします。そのもともとの火種をつくったのは、私たちかも知れません。

東ティモールで学んだのは、ＤＤＲにあたってお金で解決するというやり方はどこでも通用するわけではないという教訓です。お金のことを持ち出した私たちを、彼らは嘲笑しました。私にとってはいい経験になりました。

✣五〇万人の命を奪ったシエラレオネの内戦

シエラレオネはイギリスの植民地として「奴隷貿易」の拠点でした。一九六一年にイギリスから独立、一党独裁政権が続く中、反政府勢力が増大し、一九九〇年代に始まる内戦で国土は荒れ果てました。

私は国連幹部としてシエラレオネでDDRにたずさわる前に、一九八八年一月から九二年二月までの四年間、欧米に本部を置く国際NGOのシエラレオネの現地事務所長として、開発事業に関わりました。当時、この国の国家予算は日本円にして約九〇億円、そのうちの六〇億円が借金の返済に充てられていましたから、残り三〇億円で国家の財政をやりくりする、文字どおり〝世界最貧国〟でした。そういう国で私はこのNGOの開発予算のうち年間約四億円を差配する立場にありました。日本でNGOというと、ボランティア団体のような印象ですが、欧米のそれは規模が違います。私が所属したような大手の国際NGOは、資金規模で、ユニセフなどの国連の開発組織を上回る影響力がある、まさしくプロ集団です。このシエラレオネという国の場合も、国家予算と比べて、その影響力の大きさが計り知れると思います。

そもそもシエラレオネは、世界で最良質のダイヤモンドが採れ、超硬合金チタンの原料になるルータイルの世界最大の産出国です。それなのに、なぜ〝世界最貧国〟なのか。原因は〝腐敗〟です。私はこの国で最大の国際援助組織の現地責任者でしたから、政治家や官僚を相手にしなければなりませんでしたが、そこで見たのはすさまじい腐敗でした。

例えば、当時の私の現地スタッフの一人が、友人とのちょっとした口論がきっかけで刺殺されるという事件が起きました。ところが、いっこうに警察が動かない。その犯人も、タカをくっているのか、逃げも隠れもしない。最終的には、スタッフの家族から泣きつかれて私が警察署長に掛け合うことになりました。地元の〝大物〟であった私を邪険に扱えるわけもありません。捜査を快諾したものの、もみ手をしながらの条件付きです。その条件とは、犯人のところに行くためのパトカー（署長が私物化している）のスペアパーツとガソリン、起訴書類を作るためのタイプライターのインクリボンとタイプ用紙を恵んでくれと言うのです。政府から何の支給もないからという理由です。そうやって、やっと警察署に犯人を拘留したのですが、数日後のある夜、町のバーに行くと横のカウンターでビールをラッパ飲みしていたのは、なんとその犯人でした。

こういう無政府状態が社会で蔓延すれば、近い将来、必ず革命が起きると思いましたが、はからずも任期中の九〇年から九一年にかけて反政府ゲリラ・革命統一戦線〈RUF〈Revolutionary United Front〉〉が、隣国リベリア軍事政権の支援を受けて内戦の火ぶたを切ったのです。

RUFのリーダー、フォディ・サンコウは、もともとは学生運動のリーダーで、シエラレオネ政府から訴追され、国外に逃亡、リビアのカダフィ大佐の下で軍事訓練を受けた〝革命家〟です。

このサンコウの後ろについたのが、シエラレオネ産出のダイヤモンド利権を狙う隣国リベリアのテイラー大統領でした。RUFは制圧した村の成人男性を強制連行して、ダイヤモンド採掘現場で働かせ、採れたダイヤモンドはリベリアへ密輸、代わりに武器がRUFに渡るという構図です。

推定五〇万人が犠牲になったといわれるこの内戦は、一九九九年七月、アメリカの仲介でRUFとシエラレオネ政府の「和平合意」が成立して、同年一〇月、国連安保理はPKO派遣を決定しました。

なぜ、西アフリカの小国の内戦にアメリカが介入するのかというと、〝奴隷解放〟され

ダイヤの原石を見つけようと土をざるに入れ、川辺で揺する作業〝シャカシャカ〟を行っている武装・動員解除後の元兵士たち。

た黒人が戻されたのがシエラレオネで、首都フリータウンの名前は、これが由来であると言われています。したがって、アメリカにとってシエラレオネは歴史的なつながりのある国なのです。

その後、停戦合意違反があり和平は遅々として進みませんでしたが、二〇〇一年五月からDDRが開始されることになりました。

私は、国連シエラレオネ派遣団、国連事務総長副特別代表上級顧問兼DDR部長として、二〇〇一年五月、九年ぶりで再びシエラレオネの土を踏みました。

シエラレオネ内戦の特徴は、〝世代

間戦争〞でした。長年の腐敗しきった社会構造に不満を持つ若者が、旧体制を支える上の世代に反逆を起こすという名目の〝革命〞であり、民族・宗教とは全く関係がありません。

ＲＵＦの戦術を説明します。まず、カラシニコフなどの小銃で武装した民兵一〇人くらいのチームが村々を襲います。ゲリラたちは、支配下に置いた村人たちに恐怖を植えつけるために、まず見せしめの殺人を行います。恐怖が確実に植えつけられれば、あまり経験のないゲリラ兵士を数名残すだけでも、その村を掌握でき、他の兵士たちは、隣の村の攻撃に向かうことができます。こうして、村の成人男子が「奴隷」になり、彼らはＲＵＦが後にダイヤモンドが採れる地域を侵略した時に、(ザルを揺すって土をふるいにかける)〝シャカシャカ〞の強制労働をさせられることになります。婦女子が「性の奴隷」にされることは言うまでもありません。

一九九一年、内戦が始まったとき、ＲＵＦゲリラはいったい何人くらいの規模であったか、はっきりしたことはいまだに分かりませんが、たぶん数百人の規模であったろうと思います。でも、二〇〇二年の終戦時には、二万人以上になっておりました。一〇年間の内戦の中で実に一〇〇倍くらいに成長したことになります。

一方、ＲＵＦが勢力を伸ばしていった時に、警察・国軍は何をしていたかというと、前述したように、給料も食料も満足に支給されていない状態ですから、国民を守るというような忠誠心を期待する方が間違いです。前線に派遣されても、逆に寝返って、ゲリラの一味になるケースも多発したのです。

さて、RUFは村々を略奪する過程で、特に若者、下は八歳ぐらいの子どもたちを〝洗脳〟して仲間にしていった。「子ども兵士」の誕生です。世界最貧国シエラレオネは、内戦がなくても国自体が崩壊寸前だったのですから、若者たちは将来に対して何の希望も持てない。「こんな国、社会なんてぶっ壊した方がいい」という〝革命思想〟とマッチして、若者はどんどんRUFに〝入会〟していったのです。

普通なら、学校に通い、成人になる過程で社会からものごとの分別を学ぶはずの子どもたちが、幼いまま いきなり高性能の自動小銃を渡されるのです。彼らは、成人のゲリラ兵士より残忍な殺人マシーンになっていきました。例えば、子どもの手足を切るとか、生きたまま目玉をえぐり取るとか、日常的に行われていました。

なぜ、殺さずに手足を切るのかというと、一〇年間も内戦を続けると、殺戮しつくし、それ以上いくら人を殺しても、戦略的に意味がなくなってしまう。戦争の疲弊です。そこで現われたのが、生きたまま手足を切ってハンディキャップを持つ人を増やすという残虐な戦術です。

最初は「自由」や「解放」を求めて戦ったはずですが、ダイヤモンドの利権がからんでくると、民兵たちは指揮命令系統もどんどん崩れていって盗賊化していきます。内戦が長期化してくると、〝革命思想〟だけではゲリラ兵士たちの忠誠をつなぎとめることができず、利権の分配が必要になる。分配しないと、若いゲリラたちが、自分らに反逆するかもしれないという恐怖もあり、RUFの指導者たちは、手持ちの利権をさらに拡大するために略奪をし続ける。これが、当初の〝革命戦争〟が世紀の大虐殺に成り下がった〝悪のサイクル〟です。

また、市民の間にはRUFから身を守るために、自警団組織が各地にできてきます。これが市民防衛隊（CDF〈Civil Defense Force〉）です。RUF・CDF・国軍が三つ巴《どもえ》となって内戦を激化させていったのです。

✣「正義」を犠牲にした「和平合意」

では、この泥沼の内戦を終結させたものは何だったか。説得だけで収まるような内戦は、この世に存在しません。戦った連中が、その殺戮行為を反省し、平和の価値を見出し、戦いが終わるなんてナイーブな状況は、絶対に存在しません。戦いを終わらせるのは、「取り引き」なんです。

一九九九年、アメリカが介入して成立した「和平合意」の中身は「過度の恩赦」でした。具体的に言うと、シエラレオネ政府は、RUFがやった過去のいかなる人権侵害も赦《ゆる》すということです。すなわち戦争犯罪に対して、一般兵士だけでなく、最高指導者フォディ・サンコウを含むRUF幹部についてもいっさい問わないことにした。それのみならず、フォディ・サンコウをシエラレオネ副大統領に任命し、ダイヤモンド利権をコントロールする天然資源大臣も兼任するという破格の扱いでした。

こうして得られたシエラレオネの「平和の代償」は、「正義」を犠牲にしたことでした。「一人、二人を殺せば殺人事件として警察に捕まるが、千人、万人単位で殺せば戦争犯罪になり、そうすると結局は恩赦され、社会復帰の恩恵も受けられる」――こういうメッセージを、次の世代に残してしまいました。しかし、アメリカがお膳立てをしたこのような「和平合意」に対して、国際社会、国連、国際人権団体などは、事実上「沈黙」しました。結果として、シエラレオネの被害者の苦痛を完全に無視し、加害者が犯した戦争犯罪に恩赦を与えただけでなく、報酬まで与えたのです。「平和の代償」として。

ここで問われているのは、「正義」か「平和」か、という問題です。シエラレオネとアフガニスタンはどちらもアメリカが介入しました。シエラレオネでは、戦費を全く使わない方法、つまり「正義」に妥協し、「平和」をもたらしました。一方、アフガニスタンの方は、テロリストを許さないという「正義」に妥協せず、いまだに莫大な戦費をかけて戦争を継続しています。アメリカの、いわゆるダブルスタンダードです。

しかし、アフガン情勢は流動しています。二〇〇七年三月、日本では全く報道されませんでしたが、いわゆる恩赦法、アムネスティー・ローがアフガン国会を通過しました。これはどういうものかというと、すべての戦争犯罪——タリバンを含めて、一般兵からトップリーダーまで、あのオマル師まで含めて——すべてを赦《ゆる》すということです。このことは欧米社会で大きなニュースになりました。つまり、カルザイ政権がテロリストとの和解のために法的な枠組みをつくったということです。

これは、今のカルザイ政権の閣僚の中にはタリバン以上の戦争犯罪をした人間がいますので、彼らの免罪符のためだという側面もあります。これに対しては、国連を中心にした人権団体が強い警戒感を示していますが、しかし泥沼化したアフガン戦においては、不可避的なもの、こういうふうになるだろうというあきらめを伴った、もうこれしかないのではないかという状況になってしまっているのです。事実、〇七年に入ってからイギリス政府は、アフガン戦においては、これは長期戦になるとの認識を示し、新任の防衛大臣が労働党の大会で、タリバンとの政治的な和解ということを考えなくてはならないと言い始めています。アメリカの最重要同盟国のイギリスでさえです。

アメリカもイギリスも経済的な理由から、戦争継続に耐えられなくなってきています。やはり戦争終結の大きな契機となるのは、経済的な理由なのです。

✣シエラレオネとアフガニスタンの決定的違い

次に、前述のように二〇〇三年から、私はアフガンでの武装解除に取り組むのですが、東ティモール、シエラレオネ、それぞれ状況が異なっていたように、アフガンもまた独特の状況下にありました。

まずシエラレオネとアフガニスタンの武装解除については、決定的に違う点が二つあります。一つは、DDRをすすめるために必要な「中立な軍事力」の問題、もう一つはDDRの対象となる兵士、民兵と正規軍の違いということです。

一つ目のDDRをすすめるための「中立な軍事力」についてですが、武装解除を行う際には、対象地域の軍事力の一つが急速になくなると、敵対関係にある武装勢力の攻撃や一般犯罪分子の増加が懸念材料となります。したがって武装解除を行うには、力のバランスが崩れても、ある程度の安全が保障される環境を作らなければなりません。そのために、抑止力として大量の中立な軍を投入する必要があるのです。シエラレオネのＤＤＲでは、五〇〇万弱の人口の国に一万七〇〇〇人の国連平和維持軍が投入されました。

一方、アフガニスタンの場合は、国連ＰＫＯが直接統治したカンボジア、コソボ、東ティモールのケースとは異なり、最初からすべてをアフガン人のオーナーシップで運営する方式がとられました。したがって、ＤＤＲを行う主体もアフガン暫定政権国防省で、ここが地方の軍閥に武装解除を命じるという仕組みです。そのさい、その国防省に「中立性」が担保されているか、これが大問題となりますが、この点については後で説明します。

次に、武装解除の対象となる兵士の違いについてです。シエラレオネのＲＵＦの場合、指揮命令系統は疲弊しきっていて、部隊は細分化し、それぞれが〝独立採算制〟の、略奪と無意味な殺戮に明け暮れる、まさに盗賊集団のようになっていました。

そこでの武装解除の作業は、国連の平和維持軍を後ろにしたがえ、この盗賊集団のような現場の指揮官・隊長のところに出かけて行き、投降するよう説得をするのです。私たちは、素手で、完全武装している相手に対峙するわけです。指揮官・隊長といっても、中には一〇代の子どももいました。リーダーになるのは、一〇代のはじめから少年兵として雇われて、その殺し方の残酷さで名を馳せて指揮官になったとか、そういう一〇代、二〇代の指揮官を相手にしなくてはならないわけです。これはきつい。ほんとにまだ子どもで、何するかわかりませんから。

シエラレオネで武装解除後の最後の儀式として、自分が所持していたカラシニコフ銃を打ち壊す少年兵。

「指揮命令系統の疲弊」と書きましたが、指揮官や一般兵士たちの心も疲弊していました。破壊できるものはもう何も無いほどに破壊し尽くし、人間としてこれ以上の残虐行為は犯しえないほどの虐殺をやり尽くした後、もはや戦闘の継続で得られるスリルさえ存在しないというどん底状態。朝から麻薬でラリって目の焦点が定まら

アフガニスタン・マザリシャリフの集積場に集められた第７（アッタ将軍）、第８軍団（ドスタム将軍）の重火器。ここで新政権の新国軍が警備・管理する。

ない、それも装填した小銃を目の前で弄んでいる連中を相手に、こちらは非武装で話しかける。これを辛抱強く繰り返すのです。

それでも、武装解除の説得の場で、行き場のないＲＵＦ幹部の口から発せられるのは〝愛国心〟。いかに彼らがシエラレオネを愛し、愛した故に〝革命〟に立ち上がったか、革命思想を、彼らが犯した全ての蛮行の言い訳にする。テーブル越しに装てんしたピストルの銃口を私に向けて威勢を張っても、議論に長い時間をかけると支離滅裂になり、最後にはたばこ銭をねだるほど骨抜きになっている。そういう時に、ある一定の恩恵をちらつかせながら、銃を捨てろと言うのです。

こうして、シエラレオネのDDRは二〇〇二年一月、RUF・CDFの全兵士約四万七〇〇〇人の武装解除を完了しました。

これに対し、アフガニスタンの武装解除ですが、ここでは米軍とともにタリバンと戦った「北部同盟」という正規軍が相手です。解除する武器も、シエラレオネの民兵が持っていたカラシニコフといった小火器ではなく、重火器（迫撃砲、大砲、戦車・装甲車、スカッドミサイルなど）の類です。私たちは「グループ・ウエポン」と呼んでいました。グループ・ウエポンというのは、数人で扱う武器のことで、これを操作するには訓練と高度な指揮命令系統が必要です。歩兵部隊の中には愚連隊みたいな人もいましたが、戦車部隊・砲兵部隊では統制がとれていて、イスラム原理主義が浸透しており、〝聖戦〟を戦うという理想を持っていますから、シエラレオネの民兵とは全然違うのです。

なお、重火器の武装解除というのは、具体的には、戦車や大砲の最重要部分を取り去ることです。例えば戦車ですと、ブリッジといわれる大砲のパーツとエンジンのパーツを取り去る。それと同時に重要なのは、カントンメントということ。つまり重火器を、各軍閥の拠点地から、カルザイ政権下の新しい国軍の管理する一つの集積地に移動させる。この移動に際しては、わざとアフガン一般市民の目に触れるような演出をしました。軍閥の力のシンボルである重火器が、新政府の新しい国軍の支配下に置かれる。これを演出することにより、軍閥支配の時代は去ったという印象を植え付けるためです。

✣実際にどのように武装解除をすすめたのか

そこでまず、私が集中的にやったのは、ＤＤＲの最初のＤの部分、軍閥のボスたちと政治的コンセンサスを取ることでした。カブールで中央政府にロビーし、国防省に国防省令を出させ、時には大統領令を出させて、まず「武装解除は国家の命令」という法的な枠組みを作っていきました。さらに、全ての支援国が「武装解除は国家の最重要課題であり、それ無しにはアフガンへの支援は無い」という強い姿勢を軍閥たちに示す一枚岩性を演出するための、主要支援国へのロビー活動。

次に、最初の武装解除の対象としてどの軍閥を選ぶか、ここが重要でした。実施する国防省の方も、武装解除を受ける軍閥の方も、はじめての経験ですし、当然、抵抗も予想されます。それで、一番やりやすいところを選びました。それがアフガニスタンの北部でした。まず一〇〇〇人を対象にしました。その交渉のために現地に行き、そこの軍閥と話を

ＤＤＲ第１段階の登録作業。ここで対象となる部隊、兵員、兵器を特定する。

ＤＤＲ第２段階の精査作業。ダミーではないか、登録リストの兵士を精査する。

するわけですが、〝中央〟から命令が来ても、おいそれと自分の軍隊を手放すわけはありません。そこで、中央政権に組み入れられると、どれだけの補償、もしくは利権が得られるのかと説得するわけです。

実際のDDRの過程を順に説明しますと——一番目の作業は「登録作業」です。これは対象となる部隊、兵員、兵器（小火器・重火器）を調査し、特定します。それを行うのは、アフガン暫定政権国防省から派遣された調査部隊ですから、武装解除を受ける軍閥たちが、〝中央〟から派遣された彼らを〝中立〟であると見なさない限り、必ず抵抗します。そのために、後で述べる「中立性」を担保する国防省改革が必要となりました。

二番目。精査作業です。調査部隊が兵員の確定作業を終えればそれで終わりというわけにはいきません。ムジャヒディン（聖戦の戦士）と言えば、成人男子がみんな手を挙げるお国柄ですし、司令官は政治的優越感を誇示するために兵員の水増しをする傾向があります。さらには、武装解除前は武装勢力同士、疑心暗鬼の状態ですから、精鋭部隊は温存し、数合わせのためのダミー兵士を差し出すということも十分考えられました。

そこで、本当の兵士かどうかを見分けるために、地元の長老たちを中心にした地域検証委員会（RVC〈Regional Verification Committee〉）を作って、登録リストに載った兵士一

武装解除の全プロセスを現場で監視するために、日本の呼びかけで非武装の国際監視団が結成された。写真の右端は日本大使館駐在武官の自衛隊・安藤一等陸佐、他の二人はドイツ大使館の駐在武官（中佐）。

人ひとりを精査しました。所属する部隊が発行した兵士証、出身地、親族関係まで聞き取りをする。疑わしい場合は、出身地まで出かけていって確認することもある。精査の結果、はねられる兵士が多数いました。そうすると、申告した部隊の司令官や軍閥から、殺人通告などの脅迫を受けることがあります。

このとき、大活躍したのが、非武装の国際軍事監視団です。本物の兵士かどうか、性能の良い武器を隠して、粗悪な武器を差し出していないか、ＲＶＣの長老たちが脅迫を受けていないか……現役の多国籍の将校たちが現場に

ＤＤＲ第４段階の動員解除。写真は北部クンドゥス地区で第６軍団をターゲットに行ったＤＤＲの除隊セレモニーの光景（2003年10月）。総勢1000名が動員解除されたこの催しにはカルザイ大統領も出席した。

出向き、信頼醸成の要《かなめ》になり、軍閥勢力を牽制する役割を果たしました。日本の自衛隊一等陸佐、ドイツ、カナダ、韓国、ルーマニア、ポーランド、フランスの中佐以上の現役将校が参加しました。

三番目。先のＲＶＣを通過した兵士たちは、各自カラシニコフ銃やＲＰＧ７無反動砲などの個人携帯武器をたずさえ、所属部隊ごとに移動ユニット（武器の保管コンテナ）に集められます。そこでコンピューターに登録後、ＩＤカードを発行されます。この時、カラシニコフが実際に動くかどうかをチェックし、粗悪な〝コピー商品〟を差し出した兵士に対しては、良質の武器を出すまでＤＤＲへの最終登録はお預けとなります。四番目。最終登録を終えた兵士たちは、国防省の高官を前にして〝除隊セレモニー〟を行います。これはあくまで象徴的なもので、感謝状や除隊メダルの授与の後、部隊ごとに来賓の前を行進して、武装解除、動員解除が完了します。この除隊セレモニーがどれだけ意味を持っているかはわかりません。街中でその除隊メダルをつけた元兵士を見かけたこともない。しかし、「軍事の時代は去った」という心理的効果をそもそも狙った演出です。おまじないみたいなものですが、政治プロセスとしては重要なのです。

✣アフガニスタンでも「正義」は和平の犠牲となった

五番目のプロセスです。動員解除された兵士たちは、社会復帰プロセスへと進みます。職業訓練、新国軍への応募、新国家警察への応募の三つの分野から自分が希望する進路を選択します。大半の除隊兵士は職業訓練の道を選びますが、ここに用意されたさまざまなオプションは国際、もしくは現地ＮＧＯに委託された形で実施されます。

でも、これはうまくいくわけがないのです。シエラレオネと同様、アフガニスタンも世界最貧国の一つですから、そのような状況で短期間に一万人、二万人の人間が自活できる

ＤＤＲ第５段階の社会復帰。北部クンドゥス地区に建設された社会復帰支援事務所で“市民”として生計を立ててゆくためのオリエンテーションを受ける動員解除された元兵士たち。もちろん、前途は容易でない。

ような、つまり経済的に自立できるよう補償する開発プログラムなど可能なはずがない。通常の、ある程度開発行為ができる発展途上国でも無理です。それは国際社会のキャパを超えています。百人や二百人じゃない、万単位の人間を短期間で自活させるなんてことはできません。

しかし、社会復帰プログラムの開始が遅れれば遅れるほど、元兵士たちの不満がつのり、暴動などの社会不安につながります。中には軍閥に〝再雇用〟される恐れもあるため、このプログラムは緊急を要します。だからこれはある意味〝時間稼ぎ〟なのです。職業訓練を受けている時には、彼らはそれに専念します。その間は戦わない。職業訓練は長いもので一年、短いものでも半年は続きます。

その彼らが戦わない、戦えない間に復興を急いで、警察力を作り、国軍も作り、彼らが反乱すれば抑え込む「法の支配」が行き渡るような態勢を作っていくのです。そのための〝時間稼ぎ〟です。ＤＤＲというものは、そういうものなのです。だから、「ＤＤＲをやったのだから、兵士たちは満足して、市民として自活してるんじゃないか」というのは大きな誤解です。そんな夢のようなことはできるわけがないのです。世界最貧国で、大多数の人間が失業で苦しんでいる国では、短期間で経済的自立などというのは、絶対に無理な話なのです。

それでもとにかく兵士に対しては職業訓練といった武装解除の〝見返り〟を用意します。では、軍閥のボスに対してはどうか。政治的ポストを用意するのです。

当時はまだ暫定政権でしたが、用意したポストは、大統領の顧問とか、州知事とか、外国でのアフガニスタン大使といったポストです。また中堅の司令官、大隊長とか、中隊長とかに対しては、「特別パッケージ」を用意しました。そのため日本のお金で一〇億円をひねり出しました。あまり言いたくありませんが、士官クラスは本来なら戦争犯罪に問われる人たちですから、彼らに金を出すことは本来あってはならないことです。しかし、「海外で教育を受ける」とか「ビジネスをやる」とかの名目でその〝費用〟を出しました。兵士たちの恩恵よりずっといい、いわば〝退職金〟みたいなものです。

私はこのことについては〝良心の呵責〟とたたかいました。やむを得なかったのです。一応、審査委員会を作り、身元調査をして、明白な戦争犯罪に関わった人は「恩恵」からはずすことにしました。しかし、私がカブール郊外で最も目を付けていた極悪司令官は、その最初の「恩恵」を受けるリストに入ってしまいました。そんなぐあいですから、いくら司令官や指揮官の指揮権を剥奪したセレモニーをやったとしても、実際には軍閥としての力はそのままです。ケシ栽培を仕切って得た大きな資金力も蓄えています。

余談ですが、このケシ栽培には興味深い話があります。一九七〇年代末にソ連軍がアフガニスタンに侵攻したとき、米国のCIAはアフガンの軍閥たちに資金援助をしました。そのさい、高度なケシの栽培法を教えたと言われています。軍閥たちが自ら軍資金を調達できるように、ケシ栽培を勧《すす》めたというのです。ケシの栽培の仕方、それからの麻薬の精製法などが伝えられたということです。

八〇年代末にソ連が撤退、その後は軍閥同士の内戦に舞い戻り、その混乱の中からタリバンが台頭してきます。タリバンは恐怖政治を布《し》いてアフガン全土を制圧します。彼らはケシ栽培を完全に制御しました。その理由については、イスラム原理主義によるものとか、一時的に生産をストップすることによって流通原価を引き上げるためだったとか、いろいろな説がありますが、事実としてきわめて効果的にケシ栽培を制御したのです。

しかし米軍と北部同盟の攻撃によって、タリバン政権は壊滅させられる。その後どうなったかというと、再び軍閥の時代になった。軍閥はまたケシ栽培を始めました。なぜなら、アメリカが自分たちを粛清するのではないかと恐れたこと、また互いの勢力争いが激化して群雄割拠の状況になったからです。各軍閥が軍備を増強し、義勇兵みたいなのをどんどんリクルートして、兵士の数を増やしていきました。タリバンと戦った時の北部同盟の兵士の数は、公式の見解では約五万人、ところが私たちがＤＤＲを始める時に軍閥たちが申告した数は二五万人でした。この間、軍資金づくりのためにせっせとケシ栽培に励んだというわけです。これが、私たちが武装解除を始める時の状況だったのです。

✣私が犯した失策

いま、考えると、私が間違いだったと思っていることが一つあります。軍閥の軍事組織全部を武装解除することにこだわってしまったことです。この武装解除という事業は、前に述べたように日本が引き受け、日本が資金を出して実施したものです。そしてその日本は平和主義の国である。そういう前提に立って、私は、すべての兵士をいったん市民に戻して、そこから新しい国軍、新しい治安体制、国家の防衛体制を作るということにこだわりました。

しかし今は、優良な砲兵部隊・戦車部隊などはそのまま残しておいた方がよかったと思っています。こんな優秀な軍人たちを武装解除していいのかと現場でも思いましたし、こちらのスタッフ——各国の駐在武官で編成した非武装の国際監視団のメンバーだった自衛隊の一等陸佐も、同じ軍人として「忍びない」と泣いていました。

彼らは給料も満足に支払われない中で、身なりもきちんとしているし、何よりも統制がとれている。武器や車両もぴかぴかに磨いて、手入れが行き届いていました。こういうプロの軍人たちを武装解除してしまっていいのかと、実のところ悩んだのです。今までは軍閥に雇われていたけれども、新しい国軍ができれば国のために忠誠を尽くすという〝頭のスイッチ〟の切り替えができそうな人たちでしたから。

当初、アフガン中央政府もアメリカも彼らのような部隊を残そうと考えていました。しかし私は、あくまで全員を武装解除することにこだわりました。なぜなら、日本が資金を出してやっているからです。ちなみに、アフガンでのDDRの費用は総額で約一五〇億円かかっていますが、そのうちの一〇〇億円を日本が負担しています。また、日本の政府開発援助大綱（旧ODA大綱）には実施のための「原則」として、「軍事的用途及び国際戦争助長への使用を回避する」と書かれています。そしてこの武装解除は明らかに軍事オペレーションの一種です。これに資金を出すことはODA大綱違反ともいえる。一〇年前であれば、首相のクビが飛びかねない話です。日本が引き受けた武装解除はそういうリスクを負っているのだから、兵士はみんないったん市民に戻す。そこからアメリカの責任で徴兵して、新しい国軍を作ればいいというのが私の考えでした。そこに私はこだわりました。

しかし、今になってみると、これは「力の空白」の問題を決定づけたもう一つの要因になりました。私たちが回収し無力化した重火器は、いまはほとんど使われていない。新しい国軍は歩兵が主体です。国家に忠誠心をもつ国軍をつくると言っても、どれだけ軍閥色を払拭できるか、依然未知数です。だからアメリカも怖がってしまって、戦車部隊とか砲兵部隊の編成を後回しにしているのです。また、こういう重火器の部隊をゼロから編成するには、やはり時間がかかります。兵器を操作するための高度な訓練が必要になるからです。最近になって少しずつ作り始めたようですが、アメリカは軍閥色を気にして老兵は使いたくない。そのため新しい国軍のリクルートには年齢制限に加え、ある程度の「読み書き」の能力も要求されたので、重火器の使い手である老兵たちには、非常に「狭き門」となりました。

✣アメリカの政治日程に振り回されたＤＤＲ活動

ところで、アフガンでの武装解除の主要な対象は重火器の無力化だと述べましたが、もちろんカラシニコフ小銃も集めました。兵士一人に対して一挺です。しかしこれはあまり意味がない。カラシニコフは無尽蔵にあって、どんどん新しい銃が入ってくるからです。

ここでアメリカが大きな過ちを犯しました。それは、同時進行していたイラクでの暫定統治での失策に似ています。イラクにおいてアメリカは、新しい国軍・警察を作るために、新しい武器を大量に入れたのです。すでにイラク国内では、武器の流通が野放図の状態にもかかわらず、新しい武器をどんどん流入させたのです。ところが、武器を持って離脱する兵士・警官があとを絶たない。そしてその銃が次々に市場に流れる。

さらに失策を重ねたのは、武装解除のつもりで行った武器の「買い取り」です。国連はこれまでの平和維持活動において、武装解除の一環として行った武器の買い取りでは苦い経験をしていますから、少なくともその試行錯誤のノウハウを持っている国連に、アメリカはまず相談すべきでした。

私が国連としてシエラレオネでやったのも、日本主導でアフガニスタンでやったのも、「買い取り」ではありません。先ほど述べたように武器を差し出させて、その見返りとして、職業訓練を行うわけです。キャッシュはやらない。国際社会の中では、武器の買い取りはやってはいけないという通念ができています。特に武器輸出に関係している先進国にとっては、武装解除プログラムに資金援助することは、自分たちが作った武器をまた自分たちで買い取るということになるわけだから、そんなプログラムには金は出せないということになる。

「買い取り」をやってはいけない理由は、武器の市場価格を見て買い取りの価格を設定しないと、もうかってしまうからです。つまり、市場価格より高い購入価格を設定すると、銃を渡して受け取った金でまた銃を買い……ということが起こる。さらにそれをねらって、闇のルートでカラシニコフが入ってくる。

アメリカはアフガニスタンでも、これに似た状況をつくりました。それには、ブッシュ大統領が再選されたときの〇四年一一月のアメリカ大統領選が影響しているのです。

話が少し元に戻りますが、全体の流れを説明しますと、アフガン復興の和平プロセスの集大成が二〇〇四年一〇月に予定されていた総選挙でした。この選挙は二〇〇一年のボン合意で決定されていました。

ボン合意というのは、ドイツのボンにおいて四つの主要なアフガニスタン人グループと国連の代表が集まって、新政権樹立に向けての道筋や治安維持について議論した結果、各派が合意に達して署名した合意文書のことです。このボン合意を受けて、ハミド・カルザイ氏を議長とする暫定行政機構の発足式典がカブールで開かれ、この暫定政権が対外的にアフガニスタンを代表することになりました。

もう一つ重要なのは、アフガニスタンの治安維持について、〇一年一二月二〇日、国連憲章第七章の下、安保理は、国際治安支援部隊（ＩＳＡＦ）の設立を認める決議一三八六を採択しました。この決議は、カブールと周辺地域の治安維持において、アフガニスタン暫定政権を支援することを目的としています。

で、この〇四年の総選挙には軍事部門を持つ政治組織は政党として参加できないことになっていましたが、政党登録を担当するアフガン暫定政権の法務省には実際に軍事組織を持つ政治組織から、登録を認めるようさまざまな圧力と脅迫がかかりました。

一方、ＤＤＲの進捗状況は、前に説明したように約半年遅れでスタートし、「軍閥解体を目的とした武装解除を一年間で遂行する」との公約（二〇〇三年二月「アフガニスタン『平和の定着』東京会議」）の実現は技術的に不可能となっていました。そこで、私たちは、二〇〇四年三月にベルリンで開催された「第二回アフガン復興会議」において、次のような公約をカルザイ大統領に宣言することを求めました。

一．全軍閥に対する一〇〇％の重火器の引き渡しと、中央政府による集中管理

二．全軍閥に対する、少なくとも四〇％の兵力の武装解除、動員解除

このとき私たちが考えたのは、選挙までに百パーセントの武装解除が間に合わないなら、国民に対し、それと同じ程度の信頼醸成が可能な達成目標を掲げるということでした。

私はＤＤＲの責任者として、各国と交渉し、ＤＤ（武装解除・動員解除）が完了してから総選挙を行うというコンセンサスを作っていましたので、本当はＤＤが完了するまで総選挙を延期したかったのです。

ところがブッシュ政権は、〇四年一一月の米大統領選挙までにアフガン選挙を完了せよという強烈な政治圧力をかけてきました。選挙を控えたブッシュ大統領にとって、アフガ

ンの〝成果〟がどうしても欲しかったのです。当時、議会の選挙と大統領選の二つを予定していたのですが、あまりにも治安が悪いので、簡単な方を先にやろうということで、〇四年一〇月の選挙は大統領選となり、カルザイ大統領が選出されました。

アメリカとアフガン、この二つの大統領選挙のために、私たちはＤＤＲの進行をスピードアップせざるを得なくなりました。それまでは、兵士の素性調査などに時間をかけていました。しかし、政治日程を優先させたために、そういったプロセスをいい加減にはしょってしまうことになった。

アメリカはそれだけでなく、警察官の〝速成〟もやりました。国際社会監視の下での選挙ということになると、監視団の派遣が必要になり、その監視団のためにも治安対策が必要になってくる。治安が悪いとなると、各国から非難されるわけですから。

そこでアメリカは、ドイツが担当していた警察の創設、特に地方警察の訓練に割り込んで、警察官の〝大量生産〟をやりました。数週間の訓練で地方警察を作ったのです。そのさい、武器も大量に必要になったわけですが、本来は、私たちが回収した武器を新しい警察が使用するということになっていたのを、アメリカはロシアに金を払って新品のカラシニコフを導入した。ついでに言うと、ロシアもひどいと言わざるを得ません。もともと一九七九年のソ連のアフガニスタン侵攻があって、この国は大変な目に遭《あ》ってきたのですが、ロシアはアフガンのＤＤＲに一円も出していません。一方、武装解除で回収した武器は全て旧ソ連製です。それなのに、新たにカラシニコフを売ってもうけたわけですから。こうして大量速成された警察が、今、腐敗しているわけです。

いろいろと述べましたが、結局のところ、私たちはアメリカが引き起こした戦争の土俵の上で和平活動をしているわけで、アメリカに対してＤＤを完了するまで選挙を延期してほしいという要求はできませんでした。アメリカが選挙をやると言ったら、それに従うしかなかった。

3　治安対策の道筋をつけた日本の武装解除

✣日本が武装解除を引き受けた背景

復興支援というとき、日本ではすぐに学校を作るとか、道路を整備するといったことを思い浮かべる人が多いと思います。しかし、実際には資金を投入しても全く復興支援にならない場合が少なくない。なぜかというと、SSR（治安分野改革〈Security Sector Reform〉）という土台のところが確立していないからです。社会インフラの建設は、安全が確保されなければできません。

そこでこのSSRですが、アフガニスタンやイラクではアメリカが主導しました。国連がこれをやる時には警察を作りますが、軍隊までは作りませんでした。国軍を作るというのは、私が深く関わった国連PKOのマンデード（軍事用語）――「どういう使命にもとづき、どういう武器を持って、どういう作戦をやるのか」ということからはずれていました。国軍の編成は二国間援助に任せるというのが、東ティモールでも、シエラレオネでもとられた方法でした。

国連がとりくんだのは警察訓練です。ここに力を入れています。多国籍軍の駐留による一時的な治安維持ではなく、恒久的な国内の治安装置づくりをどうにかしなくてはいけないという考え方は、国連には早くからありました。治安にとりくむというのは、復興の中心となるべき現政権に、自前で法の支配を行き渡らせる能力をつけさせてやるというものです。こうした考え方はこれまでもあったのですが、SSRという概念で体系化したのは、アメリカで、その契機となったのがこのアフガンのケースだと思います。

このあたりは日本人にはわかりにくいのですが、日本人は「安全」をタダのように考えがちです。そのため「治安」にお金がかかるということをなかなか理解してもらえません。でも、アフガンに関しては、外務省の中に危機感を抱いた人がいたのです。

思い起こしていただきたいのですが、二〇〇一年九月に同時多発テロが起こり、翌〇二年一月に東京で第一回アフガニスタン復興会議（東京会議）が行われました。これがすべてのキックオフだったのです。その時に議長国をやったのが日本とアメリカです。緒方貞子さんとパウエル米国務長官（当時）が共同議長をやった。日本はアフガン復興の花形だったのです。

しかし、外務省の一部には危機感があった。つまり、復興ということでお金を出しても、湾岸戦争の時のようにお金だけ出して治安については手をこまねいていたら、国際的に評価されない、「ショウ・ザ・フラッグ」にならないという危機感です。だから、なんとかアフガニスタンにおいては、治安の分野で、自衛隊は出せないけれど、それに代わるようなものをやりたいという気持ちがあった。それは確かだと思います。

一方、ＳＳＲという枠組みで、東京の復興会議と並行して、Ｇ８の中でアフガンの治安に関する会議があって、そこに日本も参加していた。そこで日本は、前にも述べましたが、DDRという〝ジョーカー〟を引かされたのです。DDRくらいならできるだろうと。これも前に触れましたが、ODA大綱（正式には政府開発援助大綱）の中の重点課題の四番目に「平和の構築」を挙げて、そこでの支援活動として「元兵士の武装解除、動員解除及び社会復帰（DDR）」を例示している。ここで、前にも指摘したように「元兵士の武装解除」というおかしな言い方をしています。たぶん、日本人の頭の中では、武装解除＝復員というイメージがあって、武装解除が軍事的なオペレーションであることが理解できなかったのだと思います。

そこからボタンの掛け違いが始まって、G8各国の分担項目の中で武装解除という一番難しいところだけが残ってしまった、そのどの国も手を挙げなかったところに、日本が名乗り出る結果になった。その背景には、復興・開発の中でただお金を出しても、日本のプレゼンスは上がらないという外交的な危機感があったからだと思います。

それはさておき、アメリカがSSRという概念を設定した基本には、「いかに戦争を終えるか」ということを、ウォー・プランナーは「開戦第一日目」に考えなくてはならないということがあるからです。戦争は大変なお金がかかります。結果的には、アフガニスタンでもイラクでも読みが甘かったというか、予測を誤って泥沼化してしまいましたが、アメリカとしてはとにかく戦争の「出口戦略」を当初からしっかりと考えようとしていて、大変重視していた。

日本では、対米協力はインド洋での給油活動となっていますが、アメリカがSSRをアフガン復興のみならず「対テロ戦」の土台にすえて考えているということは、私たち現場の人間には常識でした。そのSSRの核心部分であるDDRを、日本は引き受けたわけです。それによってアメリカの「対テロ戦」の重要な一翼を担ったわけです。事実、軍閥が持っている軍事組織を全解体することによって、アメリカが作っている新国軍を最強のものにする、あわせて国内唯一の軍事組織としてその新国軍に正統性を持たせる、というのがアメリカの一番の目的でした。そして、タリバンに対する戦闘をこの新国軍が担い、日常的な国内の治安の部分を警察が担当し、その警察力を背景に司法を国内に行き渡らせる――これがアメリカの考えていたSSRなのです。

そのSSRの入口にあたるDDR（武装解除）を日本が引き受けて実施した、というわけです。そのことの持つ政治的意味は、とくに対米協力という点できわめて大きかったと思うのですが、どういうわけか日本では、「対テロ戦」へのクリティカル（決定的）な軍事的貢献として全く認知されませんでした。武装解除に対して、日本人は、血税を使って悪魔の兵器を地上から抹消したという美談の印象しか持っていないのではないでしょうか。違います。回収した兵器は全て再利用のために整備される。すべては新しい国軍を作るためにやったのです。

✣武装解除を免れた警察の腐敗

こうして作られた新国軍はタリバンと戦うことになります。その後の対タリバン戦におけるこの新国軍や警察の犠牲者は、多国籍軍の犠牲者数を上回っているはずです。それより問題なのは、SSRのもう一つの分野、国内治安を担当する警察です。その警察の腐敗している部分、これが武装解除の対象からはずれてしまった。こんな理由からです。

武装解除を始めた当時のアフガンでは、群雄割拠している軍閥はそれぞれの〝王国〟を作っていましたが、その軍閥の部隊の一部が警察機能を担っていました。交通整理をやったり、犯罪者を逮捕したりしていたわけです。それが私たちにはわかっていたので、私の〝設計図〟の中では武装解除の対象は「旧軍の兵士」とは言わずに、「軍閥が持っているすべての武装組織（Active Security Personnel）」と言っていた。警察機能を担っている部隊を含むということです。しかしそれができなかった。

どういうことかというと、新政府をつくっていく際に、各国の役割分担があり、国防省を支援するのはアメリカ、内務省を支援するのはドイツになったのですが、そこにお互いの縄張り意識が生じてきた。例えば、ある軍閥の場合、部隊が一〇あって、そのうちの二つが警察機能を持っていたとすると、内務省が「この二つの部隊はわれわれの管轄だから手をつけるな」と言い出したのです。そのため私たちは、警察機能を持っている部隊を武装解除から除いて、残りの国防省管轄になった部隊だけを武装解除したのです。司令官の指揮権はしっかりと解きましたが、警察部隊の方は手をつけることができませんでした。

こうした状態の上にさらに輪をかけて混乱させたのが、先に述べた、アメリカの大統領選とアフガン大統領選にからんだ、アメリカによる警察官の〝大量生産〟でした。訓練もほとんどしないで、五万人を増員しました。これが今のアフガンの警察なのです。腐敗は今に始まった問題ではなくて、警察の体質は前から変わっていないということです。武装解除という免罪符を得た各地の軍閥たちは今やマフィアの大物になっています。あるいは国会議員になっていて、警察との関係はパトロンとクライアントの関係になっている。麻薬をはじめ悪事が露見してもタリバンのせいにするという、そういう腐敗の状況が続いています。

警察がこういう有様ですから、司法も機能停止状態です。警察力を背景に持たない司法なんて成立するはずはありませんから。中央政府が裁判官を任命して地方に送っても、すぐに暗殺されてしまうとか、そういうことがずっと続いたのです。○七年現在、司法が辛うじて機能しているのはカブールだけではないでしょうか。

✣アフガン復興支援は〝対米協力〟である

こういう次第で、われわれの武装解除（DDR）は一応完了しましたが、けっして成功したとは言えません。前にも述べましたが、私は当初から、DDRを単独で成功させるると「力の空白」が生じる、そうするとタリバンが復活してくるだろうということを警告してきました。その通りになったのです。

たしかに、軍閥の武装解除によって、アフガン社会の軍事から民事へのパラダイム転換は成功しました。でもその結果、皮肉なことに治安は悪化し、タリバンに対してはより脆弱になっています。

タリバン復活の原因はいろいろあります。パキスタンの情勢悪化も大きな要因ですが、私が痛切に思うことは、ＤＤＲに着手した時に、絶対にＤＤＲを単独で成功させてはいけないという警告を発しながら、それにストップがかけられなかったということです。だから私は、そのまま新国軍に組み入れてもよかった重火器の老練な使い手で構成されていた一部の部隊を解体してしまったこと、そして、武装解除の完了と選挙実施を結びつけたことは良しとしても、「力の空白」の問題を明確に認識した時点で、武装解除のスピードを遅らせるべきだったのに、アフガンで早期に選挙を実施したいブッシュ政権の圧力に屈してしまったことについて、かなり責任を感じています。

アフガンのＳＳＲを推進していた米軍の現場の首脳部も良心の呵責に耐えかねていた人がいたと思います。その一人がラムズフェルド国防長官（当時）から送られてきたという命令をぶちまけたことがあります。米大統領選の前に何が何でもアフガンで何らかの選挙をやれというワシントンからの命令です。そのためには米国のすべての軍事力を結集してでも、アフガンの治安が改善しているという印象を与えるようにしろ、そういうふうに命じられたわけです。

その時、アフガンで予定されていた選挙は、前に述べたように大統領選と議会選の二つがありましたが、二つを合わせて一回でやることになっていました。なぜなら、国際社会が支援する選挙ですが、二回に分けてやったら、お金が倍かかるわけです。有権者登録から全部やるとなると、一回で数十億円かかります。当然、一回で両方やった方がいいに決まっている。ボン合意の時には、大統領選と議会選を同時にやるということで一致していました。ところが、途中から、いま述べたようなアメリカの横やりで、何らかの選挙をやらなくてはならなくなった。そこで、比較的政党色の出ない大統領選、こちらの方が比較的楽にできるだろうということで、議会選と切り離して前倒しで行ったわけです。

この一つの例をとってもわかるように、われわれがアフガンでやったのは、要するに対米協力なのです。外務省は世界平和のためにやったと言いたいかも知れませんが、現場の私たちにとっては、完全に対米協力なのです。アメリカのためにアフガン戦争の「出口政策」を作るという意識でやっていた。新しい国軍を作るためにやったわけで、世界から軍事をなくして、平和にするということとは全く違う意図なわけです。

たしかに、米国はわれわれをうまく利用したのです。アフガンの新政府を作る上で最も重要な課題の一つだった国防省改革は、アメリカがやったのではなくて、肝心な政治的圧力はわれわれがかけて成功させた。当時、アフガンの国防省は上から下まで最大軍閥の一人が牛耳《ぎゅうじ》っていたのですが、その最大の〝頭痛の種〟を、われわれが取り除いたのです。中立な軍を作りたい。ところが、それを管轄する国防省が一つの軍閥に牛耳られている。それに対して、アメリカは何もできませんでした。なぜかというと、アメリカはタジク系が主導する北部同盟と組んでタリバンを排除した。しかし、今度はパシュトゥーン系のカルザイさんを大統領に据えた。タリバンはパシュトゥーン系です。したがって、国防省を牛耳る軍閥はパシュトゥーン系に肩入れするアメリカの政策を裏切りだと認識し、敵視したわけです。

しかし、国防省が中立でないと、DDRは絶対に進まない。それで国防省改革を迫ったのが、われわれでした。まず武装解除しない限り新国家はないと圧力をかけ、アフガン国内にもコンセンサスを作っていきました。軍閥たちもそれぞれ政治的野心があって、政治家になりたいわけですから、新国家建設の抵抗勢力とはされたくない。そういう軍閥に対して私たちは、日本はDDRにこれだけのお金を出すと国際社会に約束した、このお金をあなたたちは、あなたたちがつくる原因で使わせないのかと〝脅迫〟しました。日本国民の血税を、一武装組織が牛耳る国防省を通じて支援することに使うことは断じてできないと宣言しました。だから、国防省の「上から下まで入れ替えろ」と。結局、北部同盟の軍閥のトップ、ファヒム元帥だけは国防大臣として残りましたが、次官から以下すべての人事が入れ替わりました。各部族から均等に人員を配置したのです。これをやるのに六カ月かかりました。

そのため、DDRの開始が半年遅れてしまったわけですが、武装解除も含めて、国防省改革を断行させた日本に、アメリカは頭が上がるはずはありません。

今、アメリカのOEF（「不朽の自由作戦」）において米兵の代わりに犠牲となって戦っている新国軍があるのは、こうして武装解除が進み、国防省改革が実現したからです。アフガンにおいては、日本は資金も出したし、やるべきことはやったのです。だから、アメリカがさらに「ショウ・ザ・フラッグ」と横暴な要求をするならば、「国益」を守るためにも日本政府は反論するべきです。かりにインド洋の給油を終了したとしても、日本には後ろ指をさされる筋合いはありません。

✣まぼろしと消えた日本への「美しい誤解」

以上のような問題は残したのですが、日本としてはとにかくDDRを完了することができました。軍閥に対する武装解除という事業を私たちがやり遂げることができたのは、アフガンでは日本に対する「美しい誤解」があったからだ、といった人がいます。平和憲法を持ち、「中立」を維持して「軍隊を外には出さない」、それでいて経済大国になった信頼できる国だという見方が、アフガンの人々の間に浸透していたからだというわけです。

この「美しい誤解」があったから、アフガンの現場で私たち日本人が守られたというのは、私は暴論に近いと思いますが、結果として犠牲者が出ていないのはたしかです。そしてＤＤＲも、この「美しい誤解」を積極的に活用することによってできたという一面がたしかにあるのです。実際、私は何人もの軍閥から「日本人だから信用できる」「日本は軍事的に関与していないから」と言われていました。私は、それは嘘だとわかっていたけれども、あえて訂正しなかった。そういう意味ではだましたということになるかもしれません。

しかし現場のわれわれ自身も、日本の海上自衛隊が遠いインド洋で給油活動をしていて、間接的に米軍のＯＥＦに協力しているという意識は正直いって稀薄でした。したがって、カブールにおける日本人の救出順位も他国にくらべてずっと低かった。が、それに対して私たちは、「インド洋でちゃんとやってるんだから、救出順位を上げてくれ」とは言いませんでした。そのかわり、大使館の敷地の中にせっせと防空壕を作った。数千万円かけて作ったのです。そんなところに立てこもってどうするんだという話もありましたが、当時は大使も含めて、海上自衛隊の給油活動のことは、アフガン現地にいる私たちの意識にはほとんどなかった。われわれがそういう意識だったから、われわれのカウンター・パートナーであるカルザイさんもこちらが言うまで海上自衛隊の給油活動のことは知らなかったし、他の閣僚もみんな「日本は中立で、大変力のある国だ」という認識でした。

私は、国連に入る前はパレスチナにも関わっていましたが、中東の人々にとっても日本人の人畜無害さというイメージは浸透していました。欧米のキリスト教国と違って中東を侵略した歴史もない。それにアフガンの場合には、アフガンの仇敵ロシアに日露戦争で勝利した日本というイメージもありました。そういうイメージを、日本は外交戦略の一つとして結構使ってきた面もあって、経済進出してもそれほど警戒されないといった利点があった。政治的にも、アフガニスタンでは日本は国連より中立と見られていました。

だから、イメージ戦略ということでは、日本は大きな財産を持っていたわけです。ところが、今回のテロ特措法の問題で、自衛隊を使った日本の対米協力が広く知れ渡ってしまった。もはや「美しい誤解」はまぼろしと消えてしまったわけです。これからは、日本のNGOがソフトターゲットにされる恐れが一挙に拡大してしまいました。そうした問題を、給油活動を続行するための新テロ特措法を国会議事運営史上五七年ぶりという異例の手段を使ってまで成立させた人たちが、どこまで自覚していたか、はなはだ疑問です。

4　倒錯した日本の国際協力政策

✣破綻国家の現実

さて、では日本はこれから国際協力に関してどのような道をとるのか、という問題です。日本国内では、国際協力というと自衛隊を出すか出さないかという、その一点で議論が行われてきました。インド洋の給油問題も、新テロ特措法を作らないと自衛隊を引き揚げてしまうことになり、国際協力から脱落することになるというので大騒ぎになった。

たしかに、冷戦の終結以降、自衛隊を外に出すことに躍起になり、ひたすら自衛隊の海外派兵の実績づくりに励んできた政府与党側には大きな問題があります。しかし一方、それに反対する側も、紛争の根元は貧困にあるのだから、貧困の問題に対処しなくては根本的解決にならないと主張したりしますが、そういう原則論だけではどうにもならないのが、紛争の現場なのです。

つまり、人道支援が逆の状況を招くということが、破綻国家の状況なのです。このことはＯＤＡ大綱にもちゃんと書いてあります。援助実施の原則という項目のところに、「軍事的用途への使用を回避する」とか「開発途上国の軍事支出……武器の輸出入などの動向に十分注意を払う」と書かれている。軍部が強権を持っている国家で、たとえばミャンマーみたいなところ、あるいは中国のように武器を輸出しているところ、また国内での分離独立運動を抑えるために国軍を増強しているところには、そういったことに注意を払いながら援助するようにと、ちゃんと書いてある。しかし、これはほとんど「絵に描いた餅」。そこが問題なのです。

そういう国の政府を配慮なしに援助すると、悪政に拍車をかけることになります。援助が流用されるからです。これは国際常識です。タリバン政権の時にも、国連の中に反省がありました。タリバンが勢力を伸ばしている時に、せっせと人道援助していた。タリバンがなぜ麻薬対策であれだけの制御ができたかというと、国際援助が政権に余裕を与え、それが強権の維持を可能にしたというのは定着した議論になっています。

要するに、人道援助を普通の状態でやってはならない国――破綻国家というのがあるわけで、そういう国家に対してあえて人道援助をやるとするならば、かなり踏み込んだ〝内政干渉〟すれすれの条件を付けないといけない。

✣途上国並みの日本の自衛隊の出し方

ところが日本では、そういう議論にならないわけです。日本の人道援助というのはあくまでも人道援助であって、援助の受け入れ国の政治が悪くて、援助をすればするほど、その悪政を行っている政権を助けることになるという意識がない。本当はその政権に対して内政干渉も辞さない条件を付けることが、ODA外交なのです。そうした外交をODA大国・日本はやってこなかったのです。

対中国のODA政策が良い例ですね。中国は武器輸出国です。本当は日本の血税を使ってはいけない対象国なのです。ミャンマーも、ODA大綱的に言うと、最も注意を払わなければならないケースです。スリランカもそうです。インドネシアもそうです。インドネシアは日本の最大援助対象国ですが、東ティモールの悲劇を生み、アチェの悲劇を生んだ。どちらもインドネシア軍が関与している。しかし日本のODAは、そういうことを全く気にかけずに援助を垂れ流し続けてきたわけです。そのことを深く反省し、場合によっては内政干渉もいとわないという強い外交政策をもって人道援助に当たらないと、〝捨て金〟どころか、対象国での人権侵害にも手を貸すということになります。

これが、国際協力、国際貢献に関して自衛隊うんぬんの話をする前に、まず考えるべき問題です。これまでの日本の政策というのは、ＰＫＯ（国連平和維持活動）においても、その貢献の仕方は典型的な発展途上国のやり方といえます。つまり、見返りを目当てになるべく大きな軍を出すというやり方。パキスタンだとか、バングラデシュとか、ネパールとか、ああいう国々がやっているのと全く同じことをやっている。

ネパールは、あの小さな国に国軍だけで八万人います。パキスタンなども成人男子の一〇人に一人が兵士です。ネパールの場合は内戦、マオイスト（毛沢東主義の共産党）を抑えるために増強していったし、パキスタンはインドとの紛争のために軍備を増強した。パキスタンもネパールも、有名なＰＫＯ大国です。スリランカなども、「島国」であるにもかかわらず、一番大きな権力を握っているのは陸軍です。あんな小国で陸軍は九万人。反政府武装勢力の「タミールの虎」との内戦のための陸軍なのです。

ところで、このように軍隊を大きくすればするほど負担も重くなる。そこで、ＰＫＯに出そうという話になります。外貨稼ぎです。国連ＰＫＯには、拠出した兵士の数や重火器の数に応じてペイバックする制度があるのです。だから、大きな派遣をすればするほど、見返りも大きい。それと同じようなことを、日本がなぜしなくてはならないのか。カンボジアのＰＫＯを見ても、東ティモールのＰＫＯを見ても、自衛隊は一大隊規模、六〇〇人から八〇〇人規模を出した。あの自衛隊の出し方は、まさしく発展途上国の出し方です。

✣先進諸国が軍を出すとき

ＰＫＦ（国連平和維持軍）や多国籍軍の場合、ほかの先進国は、なるべく身銭を切らず、人も出さずに、できるだけ大きな政治的影響力を及ぼせることを考えます。それが先進国の外交でしょう。派兵と引き換えに見返りの外貨がほしい発展途上国はともかく、最初から数ありきというように部隊をどんどんと積み上げる先進国なんて、日本以外にありません。日本はこの点で、最初から外交を放棄していると思います。そうすると、派兵の理由は何か。国内向け以外に考えられないでしょう。憲法に関わる国内政治のために、国外に軍隊を出す、これは非常に不純です。軍隊を出すというのは、現地で一般市民を殺すかもしれない究極の外交選択でなくてはならないからです。

今の状態では、武装した自衛隊を絶対に出すべきではありません。なぜなら、政治家、官僚も、メディアも国民も、軍事に対する意識が低すぎるからです。これが育たないうちは出せないと思います。軍事行動の意味を理解し、それを決定するための明確な外交意志を持たずにずるずると出すのは、先進国の振る舞いとは言えません。

先進国がＰＫＦに兵士を出す場合は、まず司令部要員を出します。最高司令官とか副司令官のポストを要求します。当然、競い合いになります。重要なポストの中に軍事監視員のポストがあります。これは非武装で、将校しかできないポストです。外交的に非常に大きな〝顔〟になります。

今、ネパールの停戦監視に、日本の「中央即応集団」から六人が出ています。非武装の自衛官が国連の軍事監視団の一員として出ているのです。ところが、そういうことが全然報道されない。

中央即応集団というのは〇七年三月に新たに編成された旅団規模の部隊です。中核は特殊部隊で構成されています。二〇一二年までに司令部は神奈川県のキャンプ座間へ移って、そこで米陸軍第一軍団司令部と同居することになっています。この即応集団についてはいろいろと議論があるのですが、私としては、出来た以上、それを極力平和利用しなくてはいけないと思っています。つまり、この部隊の一部分が国際協力隊になっているわけで、そこに焦点を当てることによって良い方向に引っ張っていく。そうしないとどんどん日米軍事同盟、軍事力万能の方へ傾斜していくと思うのです。

なぜ日本が、発展途上国みたいなことをやるのか、私にはわかりません。それで、東ティモールのＰＫＯの時も、私はその点を問題視して発言したのですが、だれも反応しませんでした。

軍事的なニーズがあるときに軍事組織を送ることは当然のことです。ところが、東ティモールにあったのは人道的なニーズだったのに、なぜか自衛隊が送られた。普通は、人道支援団体が行けない時に、どうしようもない時に、軍事組織が行くのです。

✣軍隊が他国の領土に入っていくことの重さ

在日アメリカ大使館の国際協力部門の最高責任者で、在日経験の長い私の知人がいます。津波や地震などが起きると、アメリカ軍は二四時間以内に現場へ急行します。自衛隊もそこへ行きます。その日米の援助協力をずっと担当してきた人です。その人が本音をぽろっと漏らしたのですが、アメリカ軍は現場へ急行して短期間でできるだけのことをしてすぐに引き揚げることをモットーにしている。軍は人道援助などに時間とエネルギーを割けないので、すぐに人道支援団体に引き継ぎをして引き揚げる。ところが日本の自衛隊は、一番最後に到着して、用もないのにずるずると居残る――という印象を米関係者は持っているのだそうです。

これは恥ずかしい話です。政権与党としては、自衛隊のプレゼンスを上げるため、なるべくメディアにも報道させて、自衛隊がこんなに役立っているということを知らせるための時間を稼ぎたい。そして、遅ればせながら現場にやってきた日本のＮＧＯと一緒に活動するところを見せられれば、これほどの広報効果はありません。

戦後、ずっと日陰を歩いてきた自衛隊のイメージを払拭させたい気持ちは分らないでもありません。しかし、そもそも人道援助は軍事組織の任務ではないのです。軍事組織というのは国防のためにあるのであり、本来の任務ではない人道支援をやるというのは、見るに見かねるような極限の状態だからです。だから、最低限必要なことをやったらできるだけ早く撤退する。あのアメリカ軍でさえそう考えているのに、関係者から嘲笑されるような使い方を、自衛隊はされているわけです。

これは絶対にいけないことです。自衛隊の中にもわかる人はわかっていて、どんなに緊急事態であったとしても、他国の軍が自分の国の領土に入ってくるということは現地の人々にとって大変な精神的重圧であるということ――そういう感覚を日本の為政者たちは忘れているんじゃないかと、自衛隊の幹部から聞いたことがあります。

かつて太平洋戦争が終わってから七年間、日本は米軍を主体とする連合国軍に占領されて、その後も米軍による占領状態が続いているようなものですから、そのへんの感覚が為政者たちは麻痺しているのかも知れません。しかし送り出される自衛隊員は、そういった問題に直面しながら任務をこなすのです。

日本は国際協力を積極的に進めるべきですが、本来、国際協力というのは非軍事なわけで、軍事組織を出さなければならないのっぴきならない場面に直面して、はじめて最終手段として出て行くわけです。これが、国連憲章に盛り込まれた精神だと思います。まず派兵ありきで考えるのは、先進国では日本だけでしょう。

自衛隊の国連活動の法的根拠は憲法9条ではなく前文と98条

――集団的自衛権と集団的措置の同一視は根本的誤り

元参議院法制局第三部長
東京リーガルマインド大学特任教授・弁護士
播磨　益夫

1　何が問題なのか

はじめに、この小文は法律論・政治論・感情論を交通整理して、法律論のみを記すものであることをお断りしておく。なお、憲法と条約との関係については憲法優位説に立つ。

さて、平成一三（二〇〇一）年一〇月五日の衆議院予算委員会における質疑において、

憲法前文（抜粋）

日本国民は、恒久の平和を念願し、人間相互の関係を支配する崇高な理想を深く自覚するのであつて、平和を愛する諸国民の公正と信義に信頼して、われらの安全と生存を保持しようと決意した。われらは、平和を維持し、専制と隷従、圧迫と偏狭を地上から永遠に除去しようと努めてゐる国際社会において、名誉ある地位を占めたいと思ふ。われらは、全世界の国民が、ひとしく恐怖と欠乏から免かれ、平和のうちに生存する権利を有することを確認する。

第九条

日本国民は、正義と秩序を基調とする国際平和を誠実に希求し、国権の発動たる戦争と、武力による威嚇又は武力の行使は、国際紛争を解決する手段としては、永久にこれを放棄する。

②前項の目的を達するため、陸海空軍その他の戦力は、これを保持しない。国の交戦権は、これを認めない。

第九八条

この憲法は、国の最高法規であつて、その条規に反する法律、命令、詔勅及び国務に関するその他の行為の全部又は一部は、その効力を有しない。

②日本国が締結した条約及び確立された国際法規は、これを誠実に遵守することを必要とする。

小泉首相は、「憲法前文と九条の間に『すき間』がある。確かにあいまいさは認める。すっきりした法律的な一貫性、明確性を問われれば、答弁に窮してしまう」という憲法前文と九条に関する「困窮」答弁をした。

小泉首相がこの「困窮」答弁をした原因は、結論から言えば、政府（実は内閣法制局）が、長年、日本国憲法の解釈について根本的誤りを犯してきた「日本国憲法の『集団的自衛権』と国連憲章の『集団的措置』の混同・同一視」に在る。

日本国憲法の前文は、世界平和を念願し、国際協調を命じている。ところが、世界の何処かで世界平和を武力で破壊する無法者（無法国家・無法集団）が出現した場合において、世界平和回復のために国連決議に基づき国連の一員として日本国自衛隊が武力鎮圧（国連憲章一条一項）に出動することは、日本国憲法第九条に違反する、と政府は解している。その結果として、無法者を放置することになる。このことを指して、小泉首相は、「憲法前文と九条の間に『すき間』がある」と困窮答弁をしたのである。

しかし、憲法前文と九条の間に「すき間」はない。「すき間」がある、と小泉首相が疑問を感じたのは、政府が日本国憲法の「集団的自衛権」と国連憲章の「集団的措置」とを同一視してきた政府見解の結果である。

「集団的自衛権」と「集団的措置」の法的性質が全く違うことについては、以下に詳論するが、わが国では、わが国が国連加盟国の一員であるにもかかわらず、いざ国連安全保障理事会決定の実行となると、特にそれが武力行使を伴う可能性があるものであるとすると、途端に否定的となる。そしてわが国政府は、「国連安全保障理事会の決定であっても、それが武力行使を伴うものであれば日本国憲法第九条に違反する」としてきている。そして一方、わが国政府は、その国連安全保障理事会の常任理事国入りを熱望して止まない。「国連安全保障理事会の決定であっても、従わない」としつつ、「その国連安全保障理事会の常任理事国入りを希望する」という無責任で相反する厚顔無恥な日本国の言動である。

この無責任な言動の根源は、一にかかって、日本国憲法の「集団的自衛権」と国連憲章の「集団的措置」を混同・同一視する根本的誤りに起因する。

ところが、政治家・学者・マスコミ関係者の大多数も、従来の政府見解（「国連安全保障理事会の決定であってもそれが武力行使を伴うものであれば日本国憲法第九条に違反する」）との見解発表を絶対的に正しいものと信じて発言し、報道し、そのためにこの政府の見解が果たして正しいものかどうか、についての政治家・学者・マスコミ関係者による「法の検証」が行われていない。

その結果、日本国が国連に加盟して国連加盟国の一員となっているにもかかわらず、わが国の政府の態度として、

(1)　わが国の自衛隊が行う「武力行使」は、その理由が何であれ、自衛以外の武力行使は全て憲法第九条違反である。国連の旗のもとでの行為でも全て憲法第九条違反。

(2)　国際貢献の場においても自衛以外の自衛隊の武力行使は憲法第九条違反。したがって、危険な所（戦闘地域）に自衛隊は出さない。そして、PKO五原則に従い、危険な所からは自衛隊を撤退させる（血を流すのは日本人以外の外国人がやってくれ）。その理由は、日本国には日本国憲法第九条があるからだ。

という乱暴で無責任な見解を今までに発表してきても、政治家・学者・マスコミ関係者の大多数は、それを正しいものとして無批判に受け入れてきている。

この見解には、「武力行使は悪」という強い思想・強い感情論が根底にある、としか思えない。

しかしながら、「悪」は、国連安全保障理事会決議をもって世界平和回復のために武力行使を容認せざるを得ない事態を惹起せしめた「無法者」（無法国家・無法団体）である。「無法者」が「悪」なのである。間違ってはならない。

この、わが国政府の国際貢献と日本国憲法の問題についての日本国憲法の解釈の根本的誤りを具体的に指摘するとともに、日本国憲法上、国際貢献が義務であることを指摘するのがこの小文の目的である。

2　国連加盟前の日本と憲法前文

昭和二七（一九五二）年四月の連合国との平和条約の発効によって日本は独立を回復したが、国連加盟（昭和三一［一九五六］年一二月）前の日本国の立場は、当然のことながら、国連憲章上の義務は負わない。したがって、日本国憲法前文が謳《うた》う世界平和主義・国際協調主義は、多分に観念的なものであり、X国がA国に侵略戦争を行ったとしても、それは他国間の紛争であって日本はそれに関与する必要も関与する義務もないものであった。したがって、他国相互間の紛争については、法的には、（言葉は適切ではないが）日本国は「高みの見物」をしておればよかったのである。

3　国連の存立目的は「世界平和の維持」

国連は、第二次世界大戦の惨禍に鑑《かんが》み、侵略戦争を防ぎ世界の平和と安全を維持・確保する目的で誕生した。そこで、国連の存立目的は、国連憲章第一章第一条第一項、いわば国連憲章のイの一番で、次のように規定している（傍線は筆者、以下同）。

「国際連合の目的は、次のとおりである。

1. 国際の平和及び安全を維持すること。そのために、平和に対する脅威の防止及び除去と侵略行為その他の平和の破壊の鎮圧とのため有効な集団的措置をとること……

（以下略）」

すなわち、国連の存立目的は「世界平和の維持」である。そして、国連憲章はその第二条第四項において国連加盟各国の国際関係における武力行使を禁止するとともに、国連はその存立目的実現のために、世界秩序破壊に至る恐れのある行為及び現実の世界秩序破壊行為を行う国または組織体に対して平和的手段で説得する、と述べる。しかし、それによっては世界秩序の破壊行為の是正がどうしてもできないときは、最後の手段として、国連は、軍事的措置によってでも破壊行為を鎮圧して世界平和を回復する、というのである。なお、この軍事的措置の法的性格は「(世界平和維持のための)警察的な強制措置」(高野雄一『国際法概論補正版・下』三二〇〜二一頁)である。国連加盟各国の自国の自衛とは全く無関係な、国連固有の世界警察的措置である。

このように、国連は、世界平和の維持のためには侵略者・破壊行為者に対する「鎮圧機関」となる。そして、この使命を、国連憲章は「国連安全保障理事会」に負わせている(国連憲章二四条)。

周知のように、世界各国には大小があり、武力にも強弱がある。したがってある国によって侵略行為が行われたとき、被侵略国がその自衛力では対抗できない場合もある。過去におけるイラクによるクウェート侵略は、まさにその例である。

この場合、国連がその侵略行為を「傍観」することは、とりもなおさず、その侵略行為に対して消極的に「加担」し「補助」していることにほかならない。それが正義でないことは明らかである。国際秩序が破壊され、世界の平和がおびやかされる場合にこそ、国連の存立目的が発揮されねばならない(国連憲章一条一項)。

その手段は、まず平和的手段による（国連憲章一条一項、第六章三三～三八条）。しかしながら、平和的手段によっては侵略国の侵略行為がどうしても是正されないときは、武力行使等をしてでも、国連は侵略行為を鎮圧し、世界の平和を回復しなければならない（国連憲章一条一項、第七章三九～五一条）。なお、「武力行使」を具体的に許容した規定は国連憲章四二条（軍事的措置）である。これらの、侵略行為を予防し鎮圧し世界平和を維持するための国連の行動を総称して、国連憲章一条一項は「集団的措置」といっている。

そして、国連加盟各国としては、国連の一員として「国連憲章の規定」の誠実履行義務（国連憲章二条二項）及び「安全保障理事会決定」の誠実履行義務（国連憲章二五条）を負っている。

4　国連加盟後の日本と日本国憲法

✣日本国は国連憲章を一部分の「留保」もなく国連に加盟した

日本国は、国連憲章（正式名称は「国際連合憲章及び国際司法裁判所規程」〔昭和三一年、条約第二六号〕。以下同）を、憲法上、その一部分も「留保」することなく国会承認・批准し、一方、国連も「日本国は、国連憲章上の義務を履行する能力と意思があるもの（国連憲章四条）」と認めて、昭和三一（一九五六）年一二月、日本は国連加盟を許された。したがって、わが国は、条約である国連憲章を誠実に遵守しなければならない（日本国憲法九八条二項）。

ところが、政界等の一部には、国連憲章に規定する国連の世界平和維持のための軍事行動について、日本国がその義務負担を、国内法（憲法）上・国際法上、「留保」している、と理解している人たちがいた（今もいる?）。

その根拠とされているのは、昭和三五（一九六〇）年八月一〇日に憲法調査会第三委員会で西村熊雄元外務省条約局長が述べた（要約）「日本国の国連加盟時に、国連の軍事行動への国連加盟国の参加義務について、憲法第九条に基づく留保をする必要があると結論して、その旨の『日本国政府声明』（注・後述）を出した」という発言である。

しかしながら、この留保説は完全な間違いであって、わが国は、国連憲章をその一部分も留保することなく、憲法上、国会承認・批准している。

次に、その事実を述べる。

(1) まず、条約締結についての一般論であるが、条約締結は内閣が行うが、事前に、時宜によっては事後に、「国会の承認」を必要とする（憲法七三条三号）。そして、条約の一部分（或る条項）を「留保」する場合についても、憲法上、国会の承認を必要とする。「留保の撤回」についても同様である。

(2) ところが、問題とされる国連憲章について、わが国が、国内法（憲法）上、国会が「留保」付きで承認した事実はない。その事実は国会の会議録に明らかである（第一三回国会・衆議院本会議録〔昭和二七年五月八日官報号外〕七二七頁から七三一頁まで、第一三回国会・参議院本会議録〔昭和二七年六月四日官報号外〕一〇二四頁から一〇二九頁まで参照）。

また、国際法上の手続きとしても、「留保」付き条約の場合は、日本国政府は当該条約の批准書寄託の際に国会の承認を経た「留保」の通告文を国連事務総長に交付しているが、国連憲章の批准書寄託の際に国会の承認を経た「留保通告」をした事実はない（昭和三一年一二月一九日官報号外二頁から五六頁までを参照）。

(3) なお、わが国が国連に加盟するために提出した国連加盟申請書の「付属書類」としての前述の「日本国政府声明」とは、

「国連に加盟したその日から国連憲章に明記された義務を引き受け、日本政府の裁量の範囲内のあらゆる手段で履行する意思を表明する。

一九五二年六月一六日　東京で　外務大臣　岡崎勝男」

というものである。

(4)　さらに言えば、国権の最高機関（憲法四一条）である国会が条約を「全部承認」したにもかかわらず、政府（内閣）がその後、当該条約の一部分留保を対外的に外交文書で行うことは、憲法上できない（そのようなことを許容する日本国憲法の条文は、ない）。

✣国連憲章上の義務を負った日本国

日本国は、昭和三一（一九五六）年一二月、国連に加盟したことにより、条約である国連憲章を誠実に遵守する義務を、憲法上、負った（憲法九八条二項）。わが国としては、この国連加盟と同時に、その瞬間から、従前の「国連加盟前」当時の憲法の解釈から、国連加盟に基づく「国連憲章を念頭においた」憲法解釈に進むべき義務があったのに、それを行わず、国連加盟前の解釈を今日までの五〇年以上にわたって墨守してきているのである。

国連の存立目的が「世界の平和と安全の維持」（憲章一条一項）であり、そのためには国連は、場合によっては国連加盟各国の武力を結集して、国連として武力行使をしてでも侵略行為を鎮圧し、世界平和を回復するものであることは、すでに述べてきたところである。世界平和を破壊する行為がある場合に、国連が、それを「高みの見物」することは許されない。そのことを承知しながら、日本国は国連に加盟したのである。もしも、国連の存立目的及びその存立目的実現のための行為が、仮に日本国憲法に反するものであるとするならば、「なぜ、日本国は国連に加盟したのか」、「国連を脱退すべきではないか」という重大な問題が生ずる。

5　これまでの日本国憲法解釈と国連憲章解釈における誤解点

わが国が国連憲章を一部分も留保することなく賛成して国連に加盟しながら、それにもかかわらずPKO・多国籍軍等に参加した自衛隊が（国連の一員として）武力行使することを憲法違反、とする政府見解及び多くの政治家・学者・マスコミ等の憲法解釈の重大な誤解点は二つある。

それは、日本国憲法の「国権」と国連憲章の「国連権」（「国連権」は筆者の造語）の混同・同一視、そして、日本国憲法の「集団的自衛権」と国連憲章の「集団的措置」の混同・同一視、の根本的誤りである。

以下、それについて論じるが、その前に筆者の造語「国連権」について述べておきたい。「国連権」の用語は、憲法第九条の「国権」との対比で造りだしたものである。憲法第九条は、「国権の発動たる戦争と……武力行使」と規定している。「国権の発動」とは、日本国の国家意思に基づく権限発動を意味する。日本国の国家意思は、内閣の決定意思、さらには国会の決定意思により形成される。

この日本国憲法第九条の「国権」との対比で、国連の国連意思に基づく権限発動を「国連権」の発動、と命名した。

国連意思とは、国連憲章上、国連安全保障理事会の決定意思をいう。国連安全保障理事会が議案の賛否を決定する手続きは次のとおりである。すなわち、国連憲章第二七条の規定に基づき、一五の理事国のうち、アメリカ・イギリス・フランス・ロシア・中国の五常任理事国の必要的賛成（棄権は「反対」票ではない）と、さらに非常任理事国一〇カ国のうち四カ国以上の賛成を加えた合計九理事国以上の賛成により、議案の賛否を決定する（もっとも、常任理事国の中の一ヵ国でも拒否権を発動すれば議案は成立しない)。この議案の賛成決定が、国連安全保障理事会の「決定」、すなわち国連意思となる。

この国連意思は、アメリカの国家意思でもなければ、ロシアの国家意思、中国の国家意思でもない。国連そのものの国連意思である。もちろん、当然のことながら、国連安全保障理事会の「決定」意思は、日本国の国家意思ではない。日本国の国家意思とは全く異なるものである。

以上の規定を前提に、日本国憲法の解釈と国連憲章解釈をめぐる問題点について述べていきたい。

✣日本国の「国権」と国連の「国連権」との同一視の問題

その一は、国権と国連権を混同・同一視していることである。

国連権の発動は、国連そのものの権利発動であって、国連加盟の個々の国の国権発動とは全く異なる。

国連権の行使(武力行使)は、世界平和維持のため(国連憲章一条一項)の「国連安全保障理事会」の決定、すなわち、「国連意思」に基づき行われる。

したがって、集団的措置の行動、すなわち「国連権」の発動は、日本国の国家意思決定に基づく行動、すなわち憲法第九条に規定する「国権」の発動とは全く無関係・別物である。これは、自明の理である。

なお、念のために憲法第九条を記せば、

「第九条　日本国民は、正義と秩序を基調とする国際平和を誠実に希求し、国権の発動たる戦争及び武力による威嚇又は武力の行使は国際紛争を解決する手段としては、永久にこれを放棄する。（二項は略）」

と規定しているのであって、政治家の多く・マスコミの多く・そして今までの政府（実は内閣法制局）の見解のように「国連の一員としての自衛隊の行動であれ何であれ、何がなんでも、自衛隊の海外における『武力行使』は日本国憲法第九条違反・違憲である」という乱暴な憲法解釈は、日本国の「国権」と国連の「国連権」とを混同・同一視する根本的に間違った見解に基づくものであって、正確な憲法解釈、そして正確な情報公開に反するものである。

日本国自衛隊を国連決議に基づき国連に提供（参加）する決定そのものは日本国の国家意思であり国権発動であるが、国連に提供（参加）した後の国連の一員として行動をする自衛隊の行動は、法理論的には、国連の集団的措置行動・国連権行動である。国連権行動に日本国憲法第九条の適用はあり得ない。適用があるのは、世界平和を求め国際協調を求める日本国憲法前文及び世界平和維持を目的とする国連憲章（条約）の誠実遵守を命ずる日本国憲法第九八条第二項である。

「第九八条二項　日本国が締結した条約及び確立された国際法規は、これを誠実に遵守することを必要とする。」

なお、付言すれば、内閣法制局は、国連行動としての（自衛隊の）武力行使であっても、憲法九条中の「『国際紛争を解決する手段として』の武力行使」に該当する、との基盤・解釈に立っているが、憲法九条中の「『国際紛争を解決する手段として』の武力行使」とは、日本国が日本国家としての一国の意思判断で自衛以外の武力行使をする場合を禁止するもの、例えば、日本海側の「竹島」の領有権について日本国と近隣国との間に見解の相違がありその見解の相違・紛争を武力で解決することを禁止するもの、である。国連が、国連安全保障理事会の「決定」、すなわち国連意思決定に基づき国連の権限行動として世界平和維持のために侵略国に対して武力鎮圧の集団的措置の行動を行うものとは全く異なる。

国連の集団的措置の場合の日本国の法的立場は、国連意思決定に基づき日本国が国連の一員として行動する（国連憲章第二五条、第二条第二項）のであって、日本国固有の国家意思決定（憲法九条の「国権」）に基づいて行動するのではない。政府見解は明らかに誤りである。「国権」と「国連権」の混同・同一視である。

アメリカ・イギリス・フランス・ロシア・中国の五常任理事国の賛成を含む国連安全保障理事会の「決定」（国連憲章第二七条及び第二五条）に基づき、国連加盟各国（日本国もその一カ国）が「世界平和維持」のために「国連の権限行動として」集団的措置の行動（武力行使）を行う場合に、なぜ、日本国憲法第九条の適用があるのか。この「国連権」の発動に基づく行動は日本国憲法第九条の「国権の発動」という構成要件に該当しない。構成要件該当性がない。日本国憲法第九条の適用は、できない。

再言するが、適用があるのは、世界平和を求め国際協調を求める日本国憲法前文及び憲法第九八条（条約遵守義務）並びに条約である国連憲章である。

日本国憲法第九八条は『条約』の誠実遵守」を要求している。「条約」である国連憲章は、日米安保条約・日中平和条約等と同様に、わが国にとってきわめて重要な条約である。

その国連憲章は、第一章第一条第一項、いわば国連憲章のイの一番で、国連の存立目的は「世界平和の維持」であることを規定している。そして、国連憲章は、その目的実現のために、世界秩序破壊に至る恐れのある行為及び現実の世界秩序破壊行為に対して、極力平和的手段で説得するが、しかしそれによっては世界秩序の破壊行為の是正がどうしてもできないときは、最後の手段として、軍事的措置によってでも破壊行為を鎮圧して世界平和を回復する、ということを規定している。これは、世界警察行動である。国連加盟各国の自国の自衛とは無関係である。

これを、日本国憲法に即して言えば、次のようになる。

① 憲法第九条は「正義と秩序を基調とする国際平和を誠実に希求し……」と規定している。

② 不幸にしてこの「正義と秩序を基調とする国際平和」が破壊された場合に対処するのが、「世界平和の維持」を存立目的とする国連の役割である（国連憲章一条一項及び第六章・第七章）。

③ 憲法前文は「世界平和を念願」し、「国際協調」を命じている。

④ そして、わが国・日本国はこの国連憲章を無条件で「留保」なく承認・批准し、国連に加盟した。

⑤　それ故、日本国は「国連の一員」として「国連の意思決定（国連安全保障理事会の意思決定）」に従う義務がある（国連憲章第二条第二項、第二五条）。

ところで、国連加盟の個々の国が、それぞれの国の国権を発動してそれぞれの国の軍隊を国連に提供した（国連の傘下に入れる）とする。その「提供行為」が各国の国権の発動であり、「提供後」のＰＫＯ・多国籍軍等としての行動は、国連権の発動に基づく行動である。このことは前述したが、この国権の発動と国連権の発動の混同の実例として、次のようなものがある。

すなわち、国連マークの共通のベレー帽をかぶっているＰＫＯの隊員（たとえばＰＫＯに編入された日本の自衛隊員）が、「国連の意思決定」に基づき「ＰＫＯの職務として」行う武力行使を「憲法九条が禁止する『日本国国権発動』の武力行使として違憲」とし、一方、「ＰＫＯの一員である『自衛隊員個人』が、自己の身に降りかかった危害を防ぐために、自己の判断でする正当防衛としての武力行使に限り合憲」としてきている（平成三［一九九一］年九月二五日の衆議院国際平和協力等に関する特別委員会における防衛庁長官答弁等）。

この答弁は、ＰＫＯの一員として行動している隊員（自衛隊員）を、依然として海外において日本国の国権を行使する自衛隊員として判断しているとともに、「武器使用の責任を隊員個人の責任に転嫁して押しつけている」ことにほかならない。

なお、その後、武器使用の責任を隊員個人の判断に任せることが部隊の混乱につながる、との理由から、武器使用の責任を「隊員個人の判断」から「指揮官の判断」に変更する内容の、いわゆる「PKO協力法」（正式名称は「国際連合平和維持活動等に対する協力に関する法律」）の改正法案が平成一〇（一九九八）年の通常国会で成立したが、これとて武器使用の責任を隊員個人から指揮官個人に変更したに過ぎず、武器使用の責任を指揮官個人の責任に転嫁して押しつけていること、そして、国権と国連権とを混同・同一視することにおいては、従前の憲法解釈と何ら変わるところはない。

また、PKOの自衛隊員に対する「指揮権」についての政府統一見解（平成四［一九九二］年五月一九日）は、「国連のコマンド（指図）に適合するようにPKOの自衛隊員に対する日本国の『（職務）実施要領』を作成し、この実施要領に従って防衛庁長官がPKOの自衛隊員を指揮監督する」としている。

これらはいずれも、「PKOの自衛隊員は、あくまでも『日本国の国権を行使する自衛隊員』」との前提に立っていて、この政府見解は、現に、中東やゴラン高原でPKOの一員として（PKOカナダ部隊の下で）PKOの職務に従事している国連マークのベレー帽をかぶった自衛隊員、そしてまた東ティモールにおいてＰＫＯの一員としてＰＫＯの職務に従事した国連マークのベレー帽をかぶった自衛隊員に適用されている。イラク派遣の自衛隊員も然り。

しかしながら、ここで法的な事実として言いたいことは、「日本の自衛隊員はもちろんのこと世界各国の軍隊の隊員は〝伊達や粋狂で〟国連マークの共通のベレー帽をかぶっているのではない」ということである。日本の自衛隊員や世界各国の軍隊の隊員が国連マークの共通のベレー帽をかぶっているのは、あくまでも国連憲章に基づき世界の平和と安全の維持及び確保のために国連・ＰＫＯの一員として行動するためなのである。各国軍隊が、共通の「ＵＮ」マークの白い車両を使用するのも国連行動だからである。現在、イラクに派遣されている自衛隊の輸送機の垂直尾翼にも、共通の「ＵＮ」マークの白い文字が描かれている。その限りにおいては、本籍は日本国の自衛隊員であっても、現住所は国連の一員なのである。このことを客観的に正確に理解・認識する必要がある。

なお、以上に述べた日本国の「国権」と国連の「国連権」とを混同・同一視する政府見解の根源は、さかのぼれば、それまでの多くの政府見解を整理・統一した昭和五五（一九八〇）年一〇月二八日の「政府答弁書」（国会議員の質問に対する答弁書）に帰着する。

この政府答弁書は、要約、次のとおりである。

「国連軍（注：ＰＫＯ・ＰＫＦ・多国籍軍を包含する趣意）の目的・任務が武力行使を伴うものであれば、それに自衛隊が参加することは日本国憲法第九条に違反するものであり許されない」

この政府答弁書にいう「日本国憲法第九条に違反」の中身は、その武力行使が「国権の発動たる……武力行使」になるから、ということである。

これこそ、日本国の「国権」と国連の「国連権」とを混同・同一視する典型であり、根本的間違いの根源である。

✣「集団的自衛権」と「集団的措置」との同一視の問題

問題のその二は、自衛の範囲を超えるものとして憲法九条が禁止している、と政府（実は内閣法制局）が主張する集団的自衛権と、国連憲章一条一項に規定する集団的措置とを混同・同一視してきていることである。

まず、集団的自衛権とは、Ａ国とＢ国とが同盟関係にある場合において、Ｘ国がＢ国に攻撃を加えたとすれば、たとえＸ国がＡ国に攻撃をしていなくても、Ａ国が、Ｘ国のＢ国への攻撃を同盟関係にあるA国への攻撃と「みなして」、A国が（B国と共に）X国に対して発動する自衛権をいう。自国は何ら攻撃を受けていないのに、同盟関係の国への攻撃を自国への攻撃とみなして自衛権を発動するところが個別的自衛権（合憲）との基本的相違ではあるが、いずれも「自衛」を軸としている。

次に、集団的措置とは、国連が世界平和に対する脅威の防止及び除去並びに侵略行為その他の平和の破壊の鎮圧のために行う有効適切な措置（国連憲章一条一項）、すなわち国連安全保障理事会の決定に基づく世界平和維持のための国連のもろもろの措置である。PKO（国連平和維持活動）・PKF（国連平和維持軍）・多国籍軍・国連軍等の各行動は、集団的措置の一態様である。

そして、この集団的措置は、国連が「世界平和維持」のために行う行為であってそれが軸であり、「国連加盟各国の自国の自衛とは無関係」な行為である。

日本国は、「条約遵守義務」（日本国憲法九八条二項）に基づき、国連加盟国の一員として、条約である国連憲章の第二五条の規定に基づき、「安全保障理事会決定を履行する義務がある」。

これに対し、個別的自衛権・集団的自衛権は、国連の集団的措置が救援に駆けつけるまでの「つなぎの役割」（国連憲章五一条）である。

このように、集団的自衛権と集団的措置とは法的に全く異なる性質のものである。

ところが日本国内では、長年、集団的自衛権と集団的措置とが混同・同一視されてきていて、正確な情報公開がなされていない。

そのため、憲法九条に関する政府見解として、集団的自衛権は九条違反とした上で、国連安全保障理事会決議に基づく海外派遣の自衛隊の武力行使は（実は「集団的措置」であるにもかかわらず）集団的自衛権行使であるから、「自衛隊の海外での武力行使、イコール憲法違反」とされてきている。

ここにおいても、前述の昭和五五年（一九八〇年）一〇月二八日の政府答弁書に明らかなごとく、集団的自衛権と集団的措置との違いの分析がなく、集団的自衛権と集団的措置とを混同・同一視する根本的誤りを犯している。

そこで以下、この二つの概念の異同を明らかにしておきたい。

✣集団的措置と集団的自衛権の異同

(1) 集団的措置と集団的自衛権との共通点は「武力行使」

国連の集団的措置（厳密には「集団的措置権」）と各国の集団的自衛権との共通点は、両者ともに武力行使を行うことがある、ということである。

そのためか、今までの集団的措置と集団的自衛権に関する国会論議を見ていると、この武力行使の点についてのみ着眼して憲法論議を行い、集団的措置と集団的自衛権の「発動主体の違い」、集団的措置と集団的自衛権の「目的の違い」については特段の憲法論議はない。しかしながら、これらの事項こそ問題の核心なのである。

⑵　集団的措置と集団的自衛権の発動主体の違い

集団的措置の発動主体は国連である。換言すれば、「国連権」の発動として集団的措置が行われる。その法的根拠は国連憲章である。

これに対して、集団的自衛権の発動主体はわが国・日本国であり、その法的根拠は日本国憲法である。（ただし、国権発動としての双務的な集団的自衛権及び片務的能動的な集団的自衛権は、正当防衛としての自衛の範囲を超えるものとして違憲なもの、と政府［内閣法制局］は主張している。ただし、最高裁判所は、双務的な集団的自衛権及び片務的能動的な集団的自衛権については何ら触れることなく、個別的自衛権は合憲［最高裁判所大法廷判決昭和三四・一二・一六刑集一三・一三・三二二五、判例時報二〇八・一〇」としている。）

ところで、国会論議では、ＰＫＯの一員として提供され、海外において国連・ＰＫＯの一員として行動する日本の自衛隊員の武力行使（これは、法理論的には、国連の集団的措置である）を、日本国国権発動の自衛隊員の武力行使、と錯覚判断して、「ＰＫＯの一員として行動する日本の自衛隊員の武力行使は（日本国憲法九条が禁止する集団的自衛権の武力行使または海外における武力行使が自衛の範囲を超えるものとして違憲とされる個別的自衛権の行使として）違憲である」としてきている（平成五［一九九三］年五月二七日の参議院予算委員会における内閣総理大臣答弁、平成八［一九九六］年一月二四日の衆議院本会議における内閣総理大臣答弁等）。

しかしながら、国連の集団的措置に日本国憲法九条の適用は、そもそもあり得ない。すなわち、国連の集団的措置としての武力行使（たとえそれが国連・ＰＫＯの一員として行動する日本の自衛隊員の武力行使であっても）については、日本国憲法九条の構成要件該当性がないのである。

ここで明確にしなければならないことは、国連の一員として行動する日本の自衛隊員の日本国憲法上の法的根拠は、日本国憲法九条ではなく、条約遵守義務を命じている日本国憲法九八条二項及び世界平和を求め国際協調を謳《うた》う日本国憲法前文並びに条約である国連憲章（国連憲章は「条約」として国内法上の効力があり、その法的地位は「法律」よりも上位）である。

なお私見では、PKO協力法とかテロ対策特別措置法、イラク特別措置法のようなそのつどごとの場当たり的個別法ではなく、国連憲章を全面的に誠実に実施するための「恒久法」としての国連憲章実施法（仮称）を早急に制定すべきだと考える。

(3) 集団的措置と集団的自衛権の目的の相違

集団的措置と集団的自衛権の根本的な相違点は、集団的措置は国連加盟各国自身の「自国の自衛とは関係なく」「世界平和のために」行われるのに対して、集団的自衛権は「自国の自衛目的」のために行われる、ということである。

これを例えて言うならば――Aの家が火事になったとする。Aがバケツなどを使って自分の家を消火するのが個別的自衛権であり、Aの隣家Bが自分の家への類焼を防ぐためにAの家の火事に対し放水・消火するのが集団的自衛権である。

これに対して、Aが消防署員だったとする。自分の家が新宿にあるAは自分の家が火事でなくても、遠く離れた銀座にある他人の家が火事になったときは、公共の安全のために、消防署員として消火・放水に出動しなければならない。これは、Aの家の自衛とは関係がない。

国連は、いわば世界の消防署である（国連憲章一条一項）。国連に加盟するということは、消防署の一員・消防署員になるということである。

ところが、わが日本国政府（実は内閣法制局）は、Aが消防署員（国連の一員）になったのを承知しながら、

「Aが自己の家に対して行う消火放水は合憲だが、Aが銀座の他人の家に対して行う消火放水は（自己の家に対する）自衛の範囲を超えており、違憲だ」

と言っているのである。

(4) 個別的自衛権・集団的自衛権は

国連による集団的措置がとられるまでの「つなぎの役割」

X国がA国を侵略し、それが世界の平和を侵すものと国連が認定したとしても、国連が「即時的・瞬間的に」集団的措置としてX国の侵略を武力鎮圧することは、時間的・物理

的に不可能である。片やA国は、自国の安全が現に侵されているのであり、正当防衛としての自衛権の行使は当然のことである。

そこで、国連憲章第五一条は、

「……国際連合加盟国に対して武力攻撃が発生した場合には、安全保障理事会が国際の平和及び安全の維持に必要な措置をとるまでの間、個別的又は集団的自衛の固有の権利を害するものではない。（以下略）」

と規定して、国連が、集団的措置権限を発動してA国救援に駆けつけX国の侵略行為を鎮圧するまでの間、A国の個別的または集団的自衛の権利を認めている。

すなわち、法理論的には、個別的自衛権または集団的自衛権は、国連による救援のための集団的措置がとられるまでの間の「つなぎの役割」である（前掲、高野二九七〜二九九頁、三五〇〜三五二頁）。

いわば、「Aの家が放火された場合、消防車が駆けつけるまでの間、Aは自分で消火してください」と言っているのである。

これらを総合して考えれば、国連は世界政府の萌芽なのであろう。

(5) 「用語」について

ところで、「用語」の問題である。国連憲章中の「集団的自衛(権)」の原文は「collective self-defense」となっており(国連憲章五一条)、「集団的措置」の原文は「collective measures」となっている(国連憲章一条一項)。「collective self-defense」の日本語訳は「集団的自衛(権)」でよいが、「collective measures」の原文は直訳して「集団的措置」とせずに、日本語訳は、少し長いが意訳して「国連の世界平和確保警察行動」または「国連の世界秩序維持警察行動」とでもすべきだったのではなかろうか。

なぜならば、「集団的措置」という直訳用語は、原文が言わんとしている趣旨を適切かつ十分に表わしているとは思われないからである。それどころか、「集団的」という用語の同一性に幻惑されて、集団的自衛権と集団的措置の混同・同一視化を誘致し、さらには「国権」と「国連権」の混同・同一視化をも誘致し、その結果、日本国憲法の解釈において重大な誤りを誘発し、かつ永年にわたってこの重大な誤りを固定化してきた原因ともなっている、と思われるからである。

6　世界平和を求め、国際協調主義を宣言する日本国憲法

日本国憲法は、その基本規定である憲法前文において、世界の恒久平和を願い全世界の国民が平和に生存することを求めた世界平和主義を明記し、また、「われらは、いづれの国家も、自国のことのみに専念して他国を無視してはならないのであって」として国際協調主義を宣言している。

この世界平和主義、国際協調主義は、憲法九条及び憲法九八条二項の解釈をする場合においても、当然に踏まえなければならない原理である。そして、この憲法の原理をうけて、わが国はつとに「国連中心主義」を唱えてきている。

憲法においては、九八条二項で「日本国が締結した条約及び確立された国際法規は、これを誠実に遵守することを必要とする」と規定している。

わが国が、国際法上最も重要なものとされている国連憲章（条約）を誠実に遵守すべきことは、日本国憲法上当然のことである。かつてイラクに派遣されていた陸上自衛隊が国

連の一員として行動する日本国憲法上の根拠は、憲法九八条二項及び憲法前文である。九条ではない。

それでは、イラクに派遣されていた自衛隊が行う行動（武力行使）に関して、憲法九条と憲法九八条二項及び憲法前文とは矛盾するのか、矛盾しないのか。整合性はあるのか。

これについては、憲法九条は「国権」の発動として「自衛」のための武力行使を認めており、片や憲法九八条二項は条約である国連憲章の遵守を要求して、国連憲章に基づき「世界平和の維持」のために「わが国の自衛とは無関係に」自衛隊が「国連の一員」として国連の存立目的である世界秩序維持行動のために国連権発動としての武力鎮圧活動（いわば消防署の消火活動）に従事することを許容している。

そしてこのことは、「正義と秩序を基調とする国際平和を誠実に希求」（憲法九条一項）している憲法九条及び世界平和と国際協調を求める憲法前文にも合致する。武力行使に関して言えば、憲法九条は日本国国権による自衛が軸であるのに対し、憲法九八条二項及び国連憲章は国連権による世界平和の維持・確保が軸である（日本国国権発動による自国の自衛とは無関係）。

すなわち、憲法九条と憲法九八条二項とは何ら矛盾するものではなく、きちんとした整合性を保っている。法理論的には、自衛権は、国連の集団的措置が救援に駆けつけるまでの間の「つなぎの役割」（国連憲章一条一項、五一条）なのである。

したがって、平成一三（二〇〇一）年一〇月五日の衆議院予算委員会において小泉首相が行った、

「憲法前文と九条の間に『すき間』がある。確かにあいまいさは認める。すっきりした法律的な一貫性、明確性を問われれば、答弁に窮してしまう」

という憲法前文と九条に関する困窮答弁発言は、完全な間違いである。

日本国憲法前文（及び憲法九八条二項）と九条の間に「すき間」はない。きちんとした整合性を保っている。

問題は、国民が、「イラクに派遣されていた自衛隊が行動する日本国憲法上の根拠は憲法第九条ではなく憲法第九八条第二項及び憲法前文である」ということを全く知らないことである。

日本国が国連に加盟したからには、わが国は「国連の一員」として国連の存立目的である世界秩序維持行動のために、場合によっては集団的措置としての武力鎮圧活動も行わなければならないことがある。「わが身体の自衛以外には、鉄砲を撃ってはならない」（現行

の、イラク特別措置法一七条・PKO協力法二四条等の規定）ということでは国連の存立目的である世界秩序維持を遂行することができない。イラク特別措置法・PKO協力法等の規定は、集団的自衛権と集団的措置とを同一視した間違った憲法解釈の下に成立した法律である。

世界秩序を破壊する無法者（無法国家・無法組織集団）が国連の平和的説得に応じないため、国連安全保障理事会の全会一致の決議で、やむを得ず、世界秩序破壊者を鎮圧するために集団的措置としての武力鎮圧活動（国連憲章一条一項）を行う場合に、「わが身体の自衛以外には鉄砲を撃ってはならない」ということが世界に通用するであろうか。そのようなことでは、世界秩序破壊者を鎮圧することは不可能である。

国連の存立目的とは、そのように非常に厳しいものなのである。国連に加盟することは、そのような厳しい覚悟を必要とするものである（国連憲章四条一項「加盟国の地位は、この憲章に掲げる義務を受諾し、且つ、この機構によってこの義務を履行する能力及び意思があると認められる」国に開放されている）。

ところが、わが国政府は、国連の存立目的・国連の使命がそのような非常に厳しいものであることを全く国民に説明して情報公開しようとせず、国連が、あたかも世界のロータリークラブか、世界の仲良しクラブか、世界の社交サロンであるかのような印象を国民に与えてきている。

その結果、日本国自衛隊が「国連の一員」としてイラクに行っていても、「わが身体の自衛以外には、鉄砲を撃ってはならない」「鉄砲を撃てば日本国憲法第九条違反」とされ、またそれを政治家・学者・マスコミ・国民の殆ど全てが信じているのである。

政府としては、国民に対して、国連の存立目的・国連の使命が「世界平和の維持」という非常に厳しいものであることを、法理論的に正確に説明し、情報公開した上で、あらためて「わが国・日本国が国連に留まるべきか国連から脱退すべきか」についての国民の判断・審判を仰ぐ覚悟を持つべきである。

7　政府は憲法解釈の誤りを認め、正しい憲法解釈を

今までるる述べてきたとおり、国連の一員としての日本国自衛隊の集団的措置の行動の法的根拠は、日本国憲法第九八条第二項及び日本国憲法前文であって、日本国憲法第九条

ではない。

政府（内閣法制局）も、自己のメンツ維持にこだわらず、国連の一員としての日本国自衛隊の集団的措置（武力行使）の行動の法的根拠が日本国憲法第九八条第二項及び日本国憲法前文であって日本国憲法第九条ではないことを率直に認めるべきである。「過ちを改むるに憚《はばか》ることなかれ」である。

そして政府は、法律論・政治論・感情論を正確に交通整理して、日本国憲法と国連憲章に関する正しい解釈を国民（及び国連加盟の世界各国）に明らかにすべきである。

政府が、国連決議に基づく日本国自衛隊の集団的措置の行動の法的根拠を日本国憲法第九条ではなく日本国憲法第九八条第二項及び日本国憲法前文と認めることによって、わが国・日本国は国連の一員として国連加盟の世界各国と全く同等の立場に立つことになる。そして、国連の一員としての日本国自衛隊も国連加盟の世界各国の部隊と名実ともに同一の立場に立つことができ、国連の集団的措置の統一的行動に矛盾なく従事することができることになる。それこそが、国連の一員としての日本国の、将来の在るべき姿である。

わが国の国連への拠出金が巨額であること等を理由に、札束で人のほっぺた（各国の元首のほっぺた）を叩いて国連安全保障理事会の常任理事国になっても、今までの日本国政府見解では世界の真の信頼は得られない。

8　ＰＫＯ参加五原則は見直すべき

自衛隊をＰＫＯの任務で派遣するに当たっては、ＰＫＯ参加五原則が定められている。次の五つである。

①停戦の合意が存在している。

②受け入れ国などの合意が存在している。

③中立性を保って活動する。

④上記①②③のいずれかが満たされなくなった場合には一時業務を中断し、短期間のうちに回復しない場合には派遣を終了する。

⑤武器の使用は自己又は他の隊員の生命・身体の防衛のために必要な最小限のものに限る。

このＰＫＯ参加五原則の中で、憲法上特に問題となるのは、上記⑤である。

✣ＰＫＯ参加五原則の中の「武器使用」の問題点

いわゆるＰＫＯ協力法等は、これまで述べてきた「間違った政府見解」、すなわち集団的自衛権と集団的措置とを同一視した見解の上に立っている。

その結果、国連の集団的措置としての武力行使が国連加盟各国の自国の自衛とは無関係で世界平和維持・確保のために行われる警察行動であることに全く無理解（不勉強）で、自衛隊が国連決議に基づき国連の一員として行う集団的措置の行動についても日本国の国権発動の行動と判断し、日本国の自衛の範囲を超える行動は日本国憲法九条違反、として一貫している。

まさに、「日本の常識は世界の非常識、世界の常識は日本の非常識」である。

具体的には、ＰＫＯ協力法二条二項は、「武力行使を禁止」している。

さらに、武器使用ができる場合として、きわめて限定的に、「自衛隊員又は自衛隊員の管理下に入った者のために行う正当防衛・緊急避難」の場合にのみ限っている（同法二四条）。（なお、「武力行使」と「武器使用」の区別は、恣意的・観念的・自己満足的なものであるが、ここでは問題としない。）

これでは、世界平和維持・確保のための警察行動としての集団的措置であるにもかかわらず、世界秩序破壊者（無法者）に対して「丸腰」で対処することになる。国連の目的である世界平和維持・確保の実現は不可能、というほかない。

なお、この規定と全く同一内容の規定を、テロ対策特別措置法、イラク特別措置法においても設けている。

ここで、参考のために、イラク特別措置法に関する国会論議を次に紹介する。

政府見解によれば、日本国自衛隊と同様にイラク復興支援に参加している国連の一員としての他国の部隊が、敵の攻撃を受けて死傷者が続出している場合であっても、日本国自衛隊が、国連の当該他国部隊の救援のために発砲すれば、「自衛以外の発砲」として、イラク復興支援特別措置法違反、ひいては日本国憲法第九条違反となる。

そのため、日本国自衛隊は国連の一員としての他国の部隊が敵の攻撃にさらされていても傍観し、「高みの見物」をせざるを得ないことになる。

現に、平成一五年六月の衆議院イラク復興支援特別委員会における「イラクで自衛隊と一緒に活動する他国の部隊が襲撃された場合、自衛隊は反撃できるのか」という質問に対

する石破防衛庁長官の、

「(目の前で) 他国部隊の兵士がばたばた倒れても、武力行使は (憲法九条違反だから) 行わない。他国部隊が戦闘能力を失い、我々の病院に収容された場合は (自衛隊の管理下に入るため) 別だが、それ以上は憲法上きわめて困難だ」

という非常識な答弁が行われている。

この答弁の結果としては、イラクにおいて、かつてオランダ軍も日本の自衛隊も共に国連の一員として行動しているにもかかわらず (正確には、オランダ軍 [その後、「イギリス軍」に替わった] の管轄下に日本の自衛隊がある)、オランダ軍が日本の自衛隊を守るために武力行使するのは合憲で良いが日本の自衛隊がオランダ軍を守るために武力行使するのは自衛の範囲を超えて憲法九条違反だ、ということである。したがって、隣のオランダ軍が無法者に攻撃されてばたばた倒れていても、日本の自衛隊は「横で高みの見物をしていろ」ということになる。

これでは、以前、イラクがクウェートに侵略したとき、国連安全保障理事会の全会一致の決定でイラク制裁が決まったにもかかわらず、わが国が、「自衛隊をイラクに出すのは憲法九条違反。よって、カネのみを出す」として一兆数千億円のカネを出し、その挙げ句が、クウェートからの謝辞はなく、さらには諸外国から、「日本の常識は世界の非常識、世界の常識は日本の非常識」と非難された事実の再来となる。

このようなことになる原因は、日本国政府が、国連安全保障理事会の決定に基づき国連の一員として世界平和維持のためにする日本国自衛隊の集団的措置行動（国連憲章一条一項）を日本国の『国権』行動と誤解し、『国連権』行動と理解しないということに尽きる。それはまた、集団的措置が自衛権とは全く異質なことについての無理解でもある。

要するに、国連安全保障理事会決議に基づき国連の一員として集団的措置に参加している日本国自衛隊は、同じく集団的措置に参加している世界各国の部隊と同様に、国連の存立目的である世界平和維持のために必要である限り、その限度で、武力行使が認められるべきであるし、認めなければならない。

国連憲章四二条（武力行使規定）は真正面からこのことを肯定し、国連安保理決議に基づき国連又は国連加盟各国が国連の一員として世界秩序維持目的のために武力行使（集団的措置）できることを規定している。

ところが、国連安保理決議に基づき国連加盟国である日本の自衛隊が国連の一員として世界秩序維持目的（世界秩序維持警察行動）のためイラクに赴いていても、現在のイラク特別措置法では世界秩序維持の目的は果たせない。

国連安保理決議に基づく自衛隊の行動が、法理論的には、国連の集団的措置行動であるにもかかわらず、その自衛隊行動を日本国「国権」行動と解し、自衛以外の武力行使・武器使用は憲法第九条違反、とするのは、政府（内閣法制局）のメンツ維持のためのかたくなな見解にある。

なお、ここで、わが国・日本において蔓延している思想について触れておきたい。

それは、「武力行使は悪」という強い思想・強い感情である。

しかし、本当の「悪」は、世界平和の維持・確保のために、アメリカ・イギリス・フランス・ロシア・中国の常任理事国を含む一五カ国の理事国で構成する国連安全保障理事会をして、世界平和破壊を理由にやむを得ず武力行使容認の決議をせざるを得ない事態を惹起させたところの「無法者が悪」なのである。間違ってはならない。

✣日本国憲法と逆方向のＰＫＯ参加五原則

日本国憲法前文は「日本国民は恒久の平和を念願し……全世界の国民が……平和のうちに生存する権利を有することを確認する」と規定するとともに、「われらは、いづれの国家も、自国のことのみに専念して他国を無視してはならないのであって……」と国際協調主義をも規定している。

しかしながら、上記内容から分かるとおり、PKO参加五原則、特に、同原則の⑤は「自国のことのみに専念して、他国のことを無視する」内容のものである。日本国憲法とは逆方向の内容のものである。

PKO参加五原則は、根底から見直さなければならない。

9　国連安保理決議第一五四六号のごまかし翻訳について

✣多国籍軍参加の閣議決定とごまかし翻訳

国連安全保障理事会は、二〇〇四（平成一六）年六月八日、国連安全保障理事会決議第一五四六号（以下、「決議」という）について、全会一致で可決した。決議の要旨は、

「イラクの『完全な主権』回復と新政府樹立。

国連の多国籍軍駐留はイラク新政府の要請。

『イラクにおける安全と安定を維持するのに役立つあらゆる必要な措置をとる権限』を与えられた多国籍軍。

イラク新政府と多国籍軍の連携。

多国籍軍駐留の一年後の見直し。その他」

である。

この決議に基づき、わが国・日本国政府は、ただちに自衛隊の多国籍軍参加を閣議決定した（六月一八日）。

問題は、この自衛隊の多国籍軍参加について、政府が行った翻訳に関して、重要な文言についてのきわめて意図的な「ごまかし翻訳」があったことである。

それは、「unified command」の翻訳である。

この翻訳の問題点については、早稲田大学法学部水島朝穂教授が的確な指摘をしておられるので（『「世界」二〇〇四年八月号五九頁以下）、その箇所をここに引用させていただく。

「政府は、国連安保理決議にある『unified command』を『(拘束力を持たず、連絡・調整するだけの）統合された司令部』などと恣意的に翻訳しているが、『unified command』

とは『統一された指揮』という意味以外にありえない。作戦統制権の下で、武力行使の目的をもって行動するのが『多国籍軍』なのである。

何よりもこのことは、自衛隊の制服組が一番よくわかっているはずだ。イラクの現地へ出かけて行って、『私たちは小泉首相の指揮権の下にあります』などといった理屈が通るはずもない。軍隊の実態をまったく無視して、純粋に日本の国内世論をごまかすための理屈でしかないと言える。」

まさに、このご指摘のとおりである。

✣ごまかし翻訳をせざるを得ない根本原因

このようなごまかし翻訳をせざるを得ない根本原因は、結論から言えば、政府（内閣法制局）のメンツ維持、すなわち、
① 国権と国連権の混同・同一視及び集団的自衛権と集団的措置の混同・同一視の根本的誤り、
② イラクにおける自衛隊の行動が、法理論的には、国連の集団的措置行動であるにもかかわらず、イラクにおける自衛隊行動を日本国憲法第九条の「国権」行動と解し、自衛

以外の武器使用は日本国憲法第九条違反、としてきた政府のメンツ維持のため、のかたくなな見解維持に尽きる。

もしも、「unified command」を「(国連多国籍軍司令部による)統一された指揮」と正確に翻訳したとすれば、その瞬間、自衛隊は国連権による集団的措置行動に組み込まれたことになり、今までの長年の政府見解は、瞬時にして「空中分解」するからである。

✣「自衛隊指揮権は日本」で米英了解、という政府の偽り

さらにこの件について、二〇〇四年六月一八日の各新聞の夕刊紙及びテレビは、『『イラクにおける多国籍軍参加の自衛隊の指揮権は日本国にある』ということでわが国は米英の了解を得た」という政府見解を報道した。

しかしながら、この政府見解は、法理論を無視した偽りである。政治的ごまかしである。

なぜならば、まず、イラクにおける多国籍軍は国連安全保障理事会の全会一致議決に基づく「国連の」多国籍軍である。米英が募集・主催の多国籍軍ではない。

したがって、仮に日本国が、多国籍軍の中における日本国自衛隊の指揮権を日本国が持ちたいのであれば(今ここでは、「軍隊は統一指揮が生命」という本質を棚に上げた議論として)、

日本国は国連安全保障理事会の全会一致の了解を得るべきである。「米英の了解」ではない。そして仮に、国連安全保障理事会の全会一致の了解を得たとしても（そのような了解が得られるはずもないが）、その指揮権は「国連の」多国籍軍が保有する「国連の」指揮権の「一部委任」を受けたものであって、日本国固有の「国権」の指揮権に変質するものでは決してあり得ない。

それを、いかにも日本国固有の「国権」発動の指揮権であるかのような二重三重の欺瞞に満ちた政府見解を発表している。

これはまさに、水島朝穂教授がご指摘の「純粋に日本の国内世論をごまかすための理屈でしかない」（同前）ものである。

それなのにマスコミは、このことに気付かないで、上記政府見解を正しいものとして報道している。

国民そしてマスコミも、この真相に気付くべきである。特にマスコミは正確な情報公開報道をすべきである。法律論・政治論・感情論を正確に交通整理して、憲法論（法理論）の正確な情報公開報道をすべきである。さもなければ、国民は、永遠に正確な憲法解釈・正確な国連憲章解釈から遠ざけられたままである。

国民は、正確な情報公開を前提にして、その是非判断の一票を投ずる権利と義務がある。

✣国連安保理決議と多国籍軍の指揮権

国連安全保障理事会決議に基づく多国籍軍編成の場合における指揮権の問題は、重要な事項なので、改めてここに記す。

まず第一に重要なことは、集団的措置を執行するための多国籍軍の指揮権は、国連安保理から委譲（委任）されたものだということである。指揮権の淵源は国連にある。国連安保理自身には、「軍」を指揮・運営する能力はない。それゆえ、決議された「集団的措置」を執行するための多国籍軍の指揮権を、編成された当該多国籍軍に委譲（委任）するのである。

第二に重要なことは、多国籍軍を構成する国連加盟各国の中の特定の国（その国を仮に「X国」とする）が多国籍軍統一の指揮権（指揮命令権）を持ったとしても、それがために多国籍軍の性格が「X国軍」の性格に変質するものでは全くない。多国籍軍は、あくまでも国連の集団的措置を執行するための軍であり、その指揮命令権の性格は、国連としての指揮命令権である。

第三に、つい先ほども取り上げたイラク決議（国連安保理決議第一五四六号）を紹介する。このイラク決議は、多国籍軍に対して「イラクにおける安全と安定を維持するのに役立つあらゆる必要な措置をとる権限」を与えている。この「あらゆる必要な措置」とは「集団的措置」のことであり、集団的措置の内容には、世界秩序破壊者に対する「鎮圧」（国連憲章一条一項）のための武力行使の権限も当然に含まれる。

10　日本国憲法の改正は不要

本書の表題は「日本の国際協力に武力はどこまで必要か」である。

今までるる述べてきたことから明らかなように、

(1)　国連安全保障理事会決議に基づく集団的措置としての武力行使は、「国連権」としての武力行使であり、

(2)　集団的措置としての武力行使は、国連の存立目的である「世界平和確保」のために、世界秩序破壊の無法者（無法国家・無法集団）鎮圧のためであり、

(3) 集団的措置としての武力行使は、国連加盟各国の自国の自衛とは無関係なものであり、

(4) 集団的措置としての武力行使は、「国連権発動」であって国連加盟各国の「国権発動」ではない。

(5) したがって、集団的措置としての日本国自衛隊の武力行使の法的性格は、「国連権発動」に基づく武力行使であって、日本国の「国権発動」に基づく武力行使ではなく、憲法第九条の「国権の発動たる……武力行使」に該当しない。

(6) そして、集団的措置としての日本国自衛隊の武力行使の憲法上の根拠は、条約遵守を命ずる九八条二項及び世界平和を求め国際協調を求める憲法前文である。

それゆえに、国連の存立目的である「世界平和の維持・確保」のために必要な限り、その限度で、国連安全保障理事会決議に基づく集団的措置としての自衛隊の武力行使は、現行憲法上、可能であり、行わなければならない。

したがって、「現行憲法の下では、国連決議があっても海外で自衛隊の武力行使はできないから、憲法改正をすべきだ」という主張に対しては、今まで詳述した理由から、日本国憲法の改正は不要であると答える。

✣憲法解釈についての政府の正確な情報公開を

日本は、敗戦の経験から、戦争の悲惨さを骨身に徹して体験している。それだけに、国連の武力行使や自衛隊のイラク派遣（そして、武力行使）に強い拒絶反応があるのは感情的には理解できる。しかし、世界のどこかで侵略またはテロ行為があり、世界平和・世界秩序維持が破壊されているときに、国連として、他に取り得る平和的手段がないときは、その侵略またはテロを武力で鎮圧してでも世界平和・世界秩序維持を回復しなければ、平和破壊に泣く他国の国民は浮かばれない。平和破壊を放置するのは、国連として無責任というものである。否、消極的に、侵略者・テロリストに加担していることになる。

したがって、われわれは、感情論に流されることなく、冷静に客観的に日本国憲法及び国連憲章を理解する必要がある。法律論・政治論・感情論は正確に交通整理をしなければならない。

そのために、国連の一員として集団的措置の職務に従事する自衛隊員が行う職務執行としての武力行使は憲法違反になるという政府見解を、「間違っている」と言うこと自体が、戦前・戦時中に軍部批判を口にすることと同様にいまだに非国民的な雰囲気が感じられる現在にあって、その雰囲気を十分に踏まえつつ、正確な情報公開の必要性を痛感して小文を記した。

最後に——かつて国会答弁で、某大臣が「それは重要なことなので局長に答弁させせます」と答弁し、国民・マスコミ等の顰蹙《ひんしゅく》を買ったことがある。自己の「大臣」としての職責の重要性を認識していないからである。

それゆえ、現在の内閣総理大臣、そして将来の内閣総理大臣も、「内閣総理大臣」という職責のもつ重要性に鑑《かんが》みて、日本国憲法と国連憲章との関係・解釈、という非常に重要な事項については、内閣法制局任せにせず、自ら日本国憲法と国連憲章の各条文をご自身で精査していただき、「憲法前文と憲法九条との間にはすき間がある。理論的に追求されれば答弁に困窮せざるを得ない」といった困窮答弁を再現することなく、日本国憲法と条約である国連憲章との関係・解釈について、国民に対し正確な情報公開をしていただけることを心から念願する次第である。

一アイルランド人が見た日本の国際協力と自衛隊

元アイルランド国軍大尉
元国連PKO上級幹部
デズモンド・マロイ

✣アイルランドという国とその軍隊

私は、ヨーロッパのはずれにある人口四五〇万の小国アイルランドに生まれたアイルランド人です。

第二次大戦後の一九四九年、アイルランドはイギリス連邦から独立し、アイルランド共和国となりましたが、その後は北アイルランド六州の所属をめぐって、共和国への再統合を求めるアイルランド・ナショナリストと、それを拒否してイギリスとの連合を堅持するアルスター・ユニオニストとの間で、文字どおり血で血を洗う闘争が三〇年にわたって続けられました。

その間の暴力による死者は三千人に達します。三千という数字自体はさほど多いとは思われないかもしれませんが、人口比で見ればアメリカ南北戦争の戦死者の比率をしのぎます。しかし現在では、終わりがないかに見えたこの紛争も人間の理性によって克服され、平和が築かれました。

第二次世界大戦中、何万人もの男女の市民が民主主義を守ろうという声に応えて自主的にイギリス軍に参加しましたが、アイルランド自由国（当時の国名）は中立国としての立場をつらぬきました。その戦争を、私たちはストレートに「戦争」と言わず、腕曲に「エマージェンシー（非常事態）」と呼んでいます。アイルランドはアドルフ・ヒトラーの訃報に弔電を送った数少ないヨーロッパの国の一つでした。

この大戦中の名目上の中立は、平和原則によるというよりは、旧宗主国であるイギリスへの政治的反発によって生まれたものです。アイルランド人はケルトの神話時代から戦士でしたし、他者の戦いにさえ、呼びかけに応じて参戦してきました。近代に入り一六世紀になると、紳士階級のアイルランド人の中にはイギリスによる植民地支配下にあった自国を離れてヨーロッパ各地で軍隊を指揮するものも輩出し、さらに後になるとアイルランド移民たちがアメリカと南米において陸軍や海軍の創設、また建国に貢献しました。

国際的には、第二次大戦後の独立から一九七六年にEUの前身であるEC（ヨーロッパ共同体）に加盟するまで、アイルランドは冷戦期においてもアメリカとイギリスという強国の傘の下で安穏な日々を送りました。約四千万のアイルランドの血をひくアメリカ市民の父性あふれる援助、「アメリカからの小包」はアイルランド人を興奮させ、アメリカに対して親密感を持つことに貢献しました。一九六〇年代初めの大統領、ジョン・F・ケネディの父祖がアイルランド移民であること、彼がパディであることは誰もが知っていました。パディとはアイルランドの国民的聖人、聖パトリックに対する親愛を込めた呼び方で、アイルランド人の代名詞です。

北アイルランド紛争というアイルランドにとって重要な時期に、アイルランド国防軍（アイルランド統合派のテロリスト・グループであったIRA「アイルランド共和国軍」と対立する）は総勢一万五千人に上り、主に国境警備と国内の安全を守る仕事に従事していました。危険度が低くなった現在、その軍隊は総勢八千五百人（一万三千人の予備役を除く）にまで削減されました（人口比で見ると、日本の自衛隊をやや下回る程度）。

現在のアイルランド軍は、地理的に三カ所に配備された機甲歩兵旅団のほか司令部と訓練基地、兵站《へいたん》基地、それに海軍と小規模の空軍から構成されます。国防予算はＧＤＰの約〇・七％です。

一九五八年、アイルランドは第一次大戦後なおイギリス連邦内には留まりながらも実質的に主権国家としての自由を獲得してからわずか三六年しかたっていなかったにもかかわらず、この軍隊はレバノンでの国連監視任務を引き受け、次いで一九六〇年のコンゴでは大規模部隊を派遣して国連任務に従事することになりました。以後、アイルランドは一貫して国連安全保障理事会に承認された紛争への武力介入時の部隊派遣国（ＴＣＣ）となり、有能で専門的な軍隊だと世界から評価を受けています。

✣国際的な活動における私の経験

次に私自身の経歴ですが、私は北アイルランドをめぐって内戦がつづいていた当時の二〇年間、アイルランド国防軍の将校として勤務しました。

アイルランド軍の国際任務において忘れられない最初の事件は、一九六二年から翌六三年にかけて国連の任務中に遭遇したコンゴのカタンガ州で起きた戦闘で死亡した兵士の国葬の際に見られた全国民の悲しみです。この経験が、小国であるアイルランドも世界平和を築くために犠牲を払う用意ができるという伝統を作り上げる一つのいしずえとなりました。

これまでにアイルランド軍は、世界平和のための任務において八五人の兵士を失いました。アイルランドは誇り高き小さな国なのです。

このように最初のコンゴでの国連任務は、私たちの軍隊にとって学ぶことは数多くありましたが、一方では過酷なものでありました。旧式の〇・三〇三インチ口径のライフルを誇示しながら、アイルランドの冬用にデザインされた牛毛（硬いフェルトのような重い素材）の軍服を着こんでコンゴに着いた兵士たちの多くは、国際的任務に従事する兵士というよりは強制収容所の収容者のように見えたでしょう。到着後しばらくの間は、彼らはただジャングルに適した服が届くのを待つだけの毎日でした。

当時の調査書には、貧しく乏しい装備が任務中に多くの戦死者を出した原因となったと書かれています。こうしたことのほか、地方都市の一つ、ジャドビルでの攻防の末に歩兵の一個部隊が捕虜となった事件など多くの災難に見舞われたにもかかわらず、アイルランド部隊はコンゴで重要な任務を全うしました。彼らは、この困難な任務の後、胸を張って帰国しました。その後、アイルランド軍が持つ精神、誇り、プロ意識そして人道主義は国際的に注目され、より多くの貢献を国連によって求められるようになりました。

その後、私自身は一九九二年から九三年にかけてのカンボジアでのUNTAC（国連カンボジア暫定統治機構）の国連軍事監視団にアイルランド国軍将校として参加しました。この仕事を通して、人道への被害が起こった際には一個人の行動が社会的影響を与えうること、また人々の生活改善のために私も貢献できるということに気付きました。

その後の軍務以外の任務は、ザイールでのICRC（国際赤十字・赤新月社）とのアイルランド赤十字（DRC）の共同活動、ボスニアヘルツェコビナ・スルプスカ共和国でのICRCとのオランダ赤十字の共同活動、そして東ティモールでのUNTAET（国連ボランティア計画）の任務、コソボ、ルワンダとエチオピアでの国際NGOの現地責任者としての任務。そしてコソボでのWHO（世界保健機構）の財務官としての職務があります。

その後、私はシエラレオネの国連任務（UNOMSIL）として武装解除、動員解除、社会復帰（DDR）にとりくみ、また二〇〇七年三月にハイチ国連安定代表団（MINUSTAH）での同じDDRの最高責任者として活動しました。

この間、私は一九九六年、二〇年間勤務したアイルランド国防軍砲兵部隊に早期退職を願い出て認められました。

過去三二年間にわたり、地球上の多くの紛争地帯で、軍事、NGOそして国連の任務に従事した経験は、私に多くのことを教えてくれました。平和維持活動および平和構築を目的とした諸活動に参加し、そこで学んだ失敗と成功を冷静に省みることのできる今日、それはまさに私にとって歓迎すべき休息の時なのです。

〇八年現在、私は東京外国語大学「平和構築と紛争予防講座」の大学院生となり、「DDRにおけるパラダイムの転換と評価方法」についての研究を行っています。丸々と太った五〇歳の私が学生に戻ったことは若い学生たちを驚かせましたが、私はここで日本政治を学び、またその理解に困惑するという予想外の時間を持つこととなりました。

世界では正当な承認を伴わない軍事行為による犠牲が、本来なら模範を示すべき大国によって生み出されている一方、日本に眼を向けると、そこには平和主義の理念を高らかに謳《うた》った世界に類を見ない日本国憲法第九条が存在しています。それはしかし、残念ながら日本国内で国民的な論議をへることもなく、次第に解体され、最終的には忘れ去られるのではないかとも危惧されます。

そうしたなか、小国アイルランドの軍人としての経験と、世界各地の紛争の現場に立って、平和維持、平和構築にたずさわった経験から、日本の安全保障と国際貢献、そして憲法九条について私見を述べさせていただくことにします。

✣アイルランドの軍事的中立と、軍事的国際貢献の原則

アイルランド自由国憲法は、一九二二年に宗主国イギリスより自治権を勝ち取ってから一五年後の一九三七年に制定されました。その憲法においてアイルランドの軍事的中立という原則は特に言及されてはいませんでしたが、しかし政府は、まもなく第二次大戦が始まると（三九年）、中立を堅持し、旧宗主国への偏った支援は行わないとの立場をとったのでした。

一九三七年の憲法は、その後の二四の修正条項とともにアイルランド共和国の行政上の法的最高権威として存在しています。その第六条の第一パラグラフでは議会に対し「軍隊もしくは武力を行使し維持する権利を授ける」と明言する一方、第二パラグラフでは「武装勢力は正式に認められたもの以外は国内に存在してはならない」と断言しています。

そしてまた第二九条の第一パラグラフでは「国際関係」という表題の下に「国際的な正義と道義に基づいた国家間の平和と友好に対する献身」がはっきりと謳われ、第二パラグ

ラフでは「国際的調停と法的決定による国際紛争の平和的解決原則への支持」が明記されています。

憲法の修正は立法府の両院を通過した案が発表され、国民投票を通じて絶対多数の人々の承認を受けることによってのみ可能です。国際関係における武力行使に関しては、ただ一度だけ、アイルランドの独立性がそこなわれる可能性を人々が感じた時に、憲法修正が行われました。それは、武力によるヨーロッパ防衛への権利委託をも含むEU拡大政策を承認するニース条約に関係したものでした。その当時、貧しい東ヨーロッパの人々、そしておそらくトルコ人が西側に流入してきたことにより、アイルランド文化、生活様式が崩され、さらに彼らによってアイルランド人の職場が奪われるのではないかという流布されたデマへの懸念とともに、人々の関心を集めたのは、国際紛争に関わることによってわが国の中立性が弱められるのではないか、という心配だったのです。

二〇〇一年、法案は国民投票にかけられ、否決されてしまったので、EUと政府は狼狽しました。そこで政府は、国民の懸念を解きほぐす代案を再提示しました。それは「EUの共同外交安全保障政策への参加は、わが国の伝統である軍事的中立性を侵害するものではないことをアイルランドは保証する」というもので、この法案は二〇〇二年、再度の国民投票で可決されました。

この条項は、西ヨーロッパ防衛のため、主にNATOから責任を引き継ぎ、六〇日以内に六万人の兵士を派遣できるヨーロッパ共同外交安全保障政策（CFSP）の下で行動するEU主導のヨーロッパ緊急対応部隊へ、アイルランドが自国の軍事力の七・四％を割くことを可能にしました。

アイルランド国防軍は、平和支援任務に参加するという誇るべき伝統を持ちます。しかし、複雑にからみ合う国々の力関係の中に身を置かねばならない小国の立場として、国際関係におけるわが国の平和的手段への関与はどうしても弱くなりがちであり、平和維持活動支援のための軍隊派遣については、次のような三つの条件を満たさなくてはならないと定められました。

「三重にロックされた」と称されるのは、次の三つの条件です。まず第一に、その平和に関する諸活動は国連によって承認されたものでなければならない。次に、その活動は内閣によって承認されたものでなければならない。そして最後は、その活動は議会の下院（ドール・エレン）の決議によって承認されなければならない、というものです。

このように明確に定められた手順は、派遣する防衛軍の規模が一二人以上の場合は必ず適用され、これによってわが国政府が不明瞭で説得力のない協定を根拠にした軽率な軍隊派遣は行わないことを保証するのです。

✣柔和なナショナリズム

日本人と同様に私たちもナショナリストであり、ナショナリズムの文化的表現を大いに楽しみます。わが国のスポーツ、音楽、文学、演劇そして美術は世界中で認められています。半世紀以上のきびしい戦いの結果勝ち取ったわが国旗を誇りに思い、国民的英雄を崇《あが》め、国家の独立性をきわめて大事にします。

もちろん、不正義に直面した時には、そのナショナリズムがとてつもない暴力へと発展しました。一九二二年の自治権獲得の条約の後、イギリスに保有されたままで住民の大半もプロテスタントである北アイルランド六州内に住む親アイルランド共和党主義者やカソリックの人々への公民権差別という不正義は、凶悪なテロ活動に火をつけ、北アイルランドを分断社会（低強度の戦争状態）へと導きました。

しかし、一般に私たちのナショナリズムの特徴は、いくぶん自虐的であり、自分たちをだしにして冗談を楽しむことにあります。私たちが、ヨーロッパの森の奥に住む野生の人間たちというありふれた反アイルランド的ジョークに対しても軽く受け流せるのは、経済や学術をも含む多くの分野で他国との競争力を保持していると自負しているからです。

私たちは常にアイルランドの政治家を批判するのが好きです。私たちは権威に対して屈服したふりをしながら、わが政府はわが国家ではないと言い放ち、政治に対してユーモアのある皮肉を放つのです。これはイングランドによる六百年間の植民地支配の遺産とも言えます。一方、個人主義に対する深いセンスとともに、アイルランド人は国家的な問題においては絶対的な忠誠心を示す傾向があると多くのアメリカの隣人が見ています。そうでないと、アイルランド的ではないとして笑われます。情熱が呼びおこされた時のアイルランド人はすさまじいのです。

私たちは、国民的問題に関してはたちまち情熱的な性質を露《あらわ》にします。日本の憲法九条に匹敵するような感情的な議論を含む問題の一つ、中絶と離婚の問題について、それをどの程度認めるか、私たちは過去二〇年間、国民投票を含め激しい議論をたたかわせてきました。自由主義的進歩を求めて争い、過去を封じ込める努力をしました。

「私たちの心は外を向いている」というのは、おそらくこの国が、野心的な若者たちを平和な時にさえも遠くへ送り出してきた長い伝統があるからでしょう。最初は暗黒の時代に修道士が伝道でヨーロッパへ、一六世紀には紳士階級が植民地支配の圧政を逃れて、そして一八世紀には飢饉の犠牲者たちが生き残るためにアメリカとイギリスへ、また宣教師が魂の救済のためにアフリカへ、移民が経済的成功を求めてアメリカへ渡った一九世紀中頃まで、大変な数の離散アイルランド人が地球を覆っています。

この外向き志向のおかげで、アイルランドはEUと密接な関係を築くことができました。というのは、アイルランドはかつて他国からの援助の恩恵を受ける側でしたが、最近は新しいEU加盟国である東ヨーロッパ諸国からの多くの移民を受け入れて恩恵を与える側になり、「ケルティック・タイガー（ケルトの虎）」としてアイルランドの経済的才能を発揮しています。わが隣人である多くのイギリス人が、ロンドンにある議会よりもブリュッセルに本部を置くEU官僚機構に自らの権限を割譲するのを恐れ、それとたたかっているのとは違い、アイルランド人は積極的なヨーロッパ人だと広く認められています。

EUの亡霊は、少しの例外を除いては、一般に私たちの国家的主体性を脅《おびや》かすものではないと見られています。私たちのアイルランド的自信、国民性の強さ（そしてユーモアのセンス）に影響されて、むしろヨーロッパの方がアイルランド気質の誘惑を受ける危険性があるのではありませんか！

✣一人当たりGDP世界二位の国での国防軍の地位

一九二二年の独立以前でさえ、親としての責任の核心は若者の教育の問題でした。辛苦の時代もありましたが、カソリック教会によって大規模に実施されるまで五〇年にわたって続けられた教育への投資の結果、ヨーロッパ進出の入り口を求める有名な多国籍精密機器会社に対して技術を持ち英語を話す労働者を提供することで、EUへの加盟とともに開かれた機会をわが国の若者たちは切り開いてゆくことができるようになりました。

一九七〇年代の初期にはアイルランドは農業を主とする経済で奮闘していましたが、今や二〇〇五年のIMFによる一人あたりのGDP（PPPI）の額では、ルクセンブルク、ノルウェー、米国と並んで二位につけています。ちなみに日本は一八位です。

アイルランドの教育はヨーロッパで高く評価されています。私が覚えているのは、国民学校で学んだ歴史の授業ですが、それは貧しく反抗もできないアイルランド人への弾圧を常に大げさに表現する、イギリス人支配者に対する偏見に満ちたものでした。私が中等学校に上がる頃にはより啓発されたカリキュラムと教科書が入手できるようになり、バランスのとれたものの見方が示されていました。確かに、イギリスの植民地支配の下ではきびしい弾圧と多くの残虐行為が行われました。しかし、国民的成熟と自信の増大で、現在ほとんどのアイルランド人はこれらの行為は過去のものであると見ています。

　この国民的成熟により、いま私たちはイギリスと親密になり、相互貿易を享受できるようになったのです。イギリス領北アイルランドでわれらの共同社会が長い間受け続けた傷を癒し、テロ行為を克服するために、アイルランド、イギリス両国が協力したことが、おそらくこの新しい成熟性へと結びついたのでしょう。小国にもかかわらず、アイルランドは経済と紛争解決の両分野において、より強大な国々に対してもあるべき道を示しています。これは国際関係におけるアイルランド政府の影響力をずっと高めました。

　アイルランドは日本の憲法第九条のような憲法は持っていません。しかし私たちは軍事的中立を堅持しています。私たちは小規模な国防軍を持っています。中立を守っていた「エマージェンシー」の時代の終わった後、国防軍の最重要の役割は一九六〇年代中頃からは市民と警察を援助して国内の安全を守ることであり、隣国の北アイルランド六州に対してわが領土からのＩＲＡのテロ行為、もしくはその逆のユニオニストからのテロ行為に対応することでした。その後、国連任務への献身という役割が、国内治安の役割と並ぶようになりました。この国連任務に際しては、適切な支援を受けた軽量の機甲歩兵部隊という形の最小限の通常軍備を維持することと規定されています。

アイルランド国防軍は総体的に国民から好感を持って見られています。国連参加を通じて世界平和へ高次元の国民的貢献をすることは、多額の予算が必要なわけでも、また国民に重税を課すわけでもありません。私たちの部隊は、人里離れた駐屯地に家族と住むのではなく、社会の中に完全に統合されています。基本的に軍隊は遠い存在とは見られず、社会の自然な一員であり、兵士や航空兵、あるいは水兵として毎日働きに行く一個人と見られています。

高校を卒業した直後の一九七五年に、私は士官候補生としてアイルランド陸軍大学に合格しました。アイルランドの学生たちの憧れの的です。実際、私は失望しませんでした。私の二〇年にわたる軍勤務は、エキサイティングで充実したものでした。また国防軍での将校という立場は、私に社会的地位を与えてくれました。国民が誇りに思える国防軍のイメージは今でも変わりません。

私は、日本のある高名な評論家から、「日本の自衛隊は日本人から必ずしも高い尊敬を得ているわけではない」ということを聞きました。悲惨な戦争の記憶による恥の意識がまだ尾を引いているのかもしれません。もし恥の意識があるとして、それが過去の日本軍の残虐行為のせいなのか、それとも戦争に敗れたせいなのか、私にはわかりません。ただ、現在の日本の自衛隊が自国で尊敬されていないかもしれないということに、私は驚きました。なぜなら、国際的には彼らは専門的で有能と見られているからです。

✣第九条を改正するのか?

第二次大戦での敗戦の後、自由と自治をかかげて起草された日本国憲法は、アイルランドの憲法と対比することが出来ます。最近のイラクへの侵攻及び占領政策（もしかすると「無政策」！）とは異なり、一九四五年のポツダム宣言は日本に駐留する連合国軍に対して撤退の戦略を明記していました。

「日本国政府ハ、日本国国民ノ間ニ於ケル民主主義的傾向ノ復活強化ニ対スル一切ノ障《しょう》礙《がい》ヲ除去スベシ。言論、宗教及び思想ノ自由並ビニ基本的人権ノ尊重は、確立セラルベシ」。宣言はこのように述べた後、さらに、目的が達せられたら「聯合国ノ占領軍ハ直チニ日本国ヨリ撤収セラルベシ」と明記していました。

ポツダム宣言でこのように約束されたことは、戦後の日本政府が新しい民主的な憲法を制定する上で強力なインセンティヴとなりました（ただ、一八八九年制定の明治憲法を改正するという道筋をとったのは気がすすまないことだったと思いますが）。日本政府は松本委員会なるものを設けて新しい憲法草案を起草させましたが、敗戦の翌四六年の二月初めに提出されたその草案は明治憲法に多少手を加えただけの旧態依然たるものに過ぎなかったため、マッカーサーはこれを拒否し、急きょＧＨＱのスタッフの中から委員を任命して草案の基本をまとめる任務にあたらせ、こうして出来た草案を同年二月末に日本政府要人に突きつけ、彼らを驚愕させました。

日本政府はこのマッカーサー案をもとに新憲法草案を作成しました。もちろんいくらかの修正がなされましたが、象徴天皇制と平和主義の条項といった基軸はそのままでした。この草案は明治憲法の改正という形で、四六年四月の総選挙が行われた際に公表されました。この選挙では、歴史上初めて女性も投票に参加することができました。新憲法は四六年一〇月に国会で承認され、翌一一月三日に公布、四七年五月三日に施行されました。

一九五二年、さらに日本は、対日平和条約の発効によって国家主権を回復したさいにも、第九条を改正することなく受け入れました。第九条はたしかに日本人の国民的願望の正確な表現といってよさそうです。この半世紀、一貫して政権の座にあった自民党も、憲法改正を党の基本方針に掲げ、すでに改正案まで発表しているものの、実現にこぎつけるまでは容易でないと見られます。

日本国憲法第九条は、「国権の発動たる戦争と、武力による威嚇または武力の行使」を永久に放棄すると宣言し、つづいて「陸海空軍その他の戦力は保持しない」と言い切っています。

これらの明確な条項は、国際関係における貢献と武力の行使に関するアイルランド憲法第二九条よりもはるかに強い原理を表明しています。

日本の自衛隊の予算は例年四〇〇億ドルをはるかに超えています。これは、明らかに第九条と矛盾します。非攻撃的な（非）軍隊が防衛目的に世界で第六位の軍事費を使っている（英国際戦略研究所、〇六年）というのは尋常ではありません。マジックの煙と鏡のように、明らかに現実を覆い隠しています。自衛隊の将来展望は明らかに受身的な防衛目的だけには留まっていません。第九条は自衛隊の軍備拡大をさまたげることはできませんでした。さらに、この第九条の独特の言い回しによる高度の道義性と、見かけは誠実な仲介者としての日本の立場は、軍事的に連合した西側諸国の間で急速に薄れていっています。

日本人は私に、名誉、尊敬そして威厳が日本文化の根本原理だと言います。私も日本人と毎日付き合っていると、それは本当だと思えます。

憲法第九条を変えることは、国連安保理に承認された国際紛争への介入の参加許可だけでなく、日本が、道義的に非難さるべき国家の一群に近づいていくことの危険、もしくは英国のトニー・ブレア前首相やオーストラリアのジョン・ハワード前首相のように、実体は〝チェイニー政権〟によって作られた政策に、十分な情報も知らされぬまま嬉しそうについて行くプードルの群れに参加してしまう危険です。

露骨な商業主義に基づいた未成熟な外交政策による戦争を引き起こして、今や傷つき期限切れとなった、一極的でかつ抑制を受けないアメリカ政府の自由主義が、こんにちの世界を覆っています。イラク戦争開戦の理由は、個人的敵意、復讐と貪欲性への誘惑、そして〝テキサス仲良し老人クラブ〟の無知で不十分な分析によると見られています。そしてこうした見方は、彼らの不道徳な行為に対して、信憑《しんぴょう》性のある告発によって形づくられたものです。それらのスキャンダルは、米国国務省がイラクで傭兵殺人部隊に資金援助していたというウォルフォウィッツ・ゴンザレス・スキャンダル、パキスタンでのムシャラフによる二回目のクーデター、穏健派の鎮圧、そして同国最高裁に対する背後からの操作などが挙げられます。

これらはブッシュ政権が掲げた最重要目標である「民主化」に矛盾しています。これが日本人の目指すところでしょうか？　第九条の改正を通して、日本が奈落の底にひきこまれる心配はないのでしょうか？　もしそうなれば、プードルの仲間はいっそう増え、非難の声はさらに広がるでしょう。

自衛隊に対する国民的尊重は、幅広いマルチメディアを使ったコミュニケーション政策を通じて、また国連任務に参加し世界平和に貢献する専門性の高い仕事を通じて、また軍の働きを見えやすくすることによって、解決されてゆくでしょう。自衛隊はどの国に対しても誇れる、非常に高度に訓練された軍隊です。現在の自衛隊に対して国民が好印象を抱かないのは、国内でのコミュニケーション不足と、そして恐らく過去にきわめて破壊的な軍国主義が国を支配した記憶から生じているのでしょう。

✣兵士は「兵士」として派遣されるべきだ

もし憲法九条の建設的なインパクトを残したままで、自衛隊が国連に承認された平和的介入に参加できれば、それは日本外交の格別の大成功と言えるでしょう。

通常、兵士たちは効果的に武器を使用できるよう、そして紛争地帯に派遣された組織の一人として軍事作戦に従事するように訓練されます。これらの組織は、その潜在能力を生かしてさまざまな脅威を取り除くために、軍事的な抑止力を提供します。軍事訓練は、常に、いかに敵を効果的に無力化するかに重点を置きます。それはつまり敵を殺傷するということです。

兵士が、自然災害に対しても有能で訓練されたマンパワーであるというのは事実です。しかしそれは、軍隊にとっては二次的な役割です。紛争地帯で人道支援に当たる兵士は、多くの場合、過去に受けてきた訓練に適さない分野で働きます。軍隊は、人道支援がまだ届かない、暴力が多発する紛争地帯にいる人々の生死にかかわる要求を緩和するための物資の提供など短期的な介入を行うことはできますが、しかしその要求に対する持続的で長期的な解決方法を提供することはできません。

ハイチでの国連平和維持活動におけるブラジル軍の人道的軍事介入がその例で、二〇〇七年の初め、ポルトープランスで武装ギャング団から都心のスラム地区を守ることには成功しましたが、多数の市民の死傷者が出てしまいました。暴徒に対して武力行使を制御し忍耐強く任務に従事してきた軍隊であっても、住民自身がその軍事行動に対して、それが軍事目的か人道目的かの区別ができるとは限りません。銃を持っていようと、パンを持っていようと、軍隊は、危険な紛争地帯においては、不穏分子によって敵と見なされるのです。

これはアフガニスタンのような政情不安定で治安が悪化しているところでも同じで、アメリカ主導のＯＥＦ（不朽の自由作戦）によるものにしても、国連の承認を受けたＩＳＡ《アイザ》Ｆ《フ》（国際治安支援部隊）のものであっても、軍隊が人道的介入を効果的に行うことを妨げます。このように、軍隊が行う人道的介入は、多くの場合、軍事目的と見なされ、時に害になるケースが多くなります。

二〇〇四年から六年にかけてイラクに派遣された日本の自衛隊は、あくまで自衛の姿勢を崩さず、他国の兵士に守られなくてはならなかったため、期待されたような人道的再建任務の効果的な遂行は不可能でした。それはまったく彼らの士気を薄れさせ、専門的な兵士である彼らの威厳を低下させるものだと、同じ軍人としての私は思います。

一般に既成の政党・党派とは関係を持たず、人道的支援だけが目的であるＮＧＯなどの人道支援機関は、軍隊と一緒に目《もく》されることを望まず、軍隊主導の人道的支援との協調にも乗り気ではありません。なぜなら、軍隊の存在によって彼らの任務遂行能力がそがれるからです。人道的介入のせいで失敗したのではなく、目標の選定そして軍事力の投入の仕方のせいで失敗したと今では評価されつつあるアフガニスタンでの地域復興チーム（ＰＲ

T）のケースはこの見方に信憑性をあたえます。
過去一〇年間にアメリカ軍を含め幾つかの国の軍隊が民軍協力で行った国際介入における訓練や組織作りが強調するのは、軍隊と民間の協力を見せかけることによって現地社会の人心掌握など軍事目的の遂行をいかにスムーズに行うかということです。

日本の自衛隊のアフガニスタンでの人道的役割の可能性に関する現在の日本の政界での議論は、アフガニスタン紛争の複雑さ、そして紛争時にそのような介入をする軍隊の能力の限界を分からない人たちの勝手な無駄話と希望的観測にすぎません。二〇〇四年から六年にかけ六百人交代で派遣した自衛隊のイラク復興支援部隊が、他国の軍に防護されざるを得ず、そのため無気力となり、萎縮していったことが忘れ去られています。

憲法上の立場がどうであっても、もし日本の自衛隊が紛争地帯に再び派遣されるのならば、それがアフガニスタンであれどこであれ、「兵士」として派遣されるべきです。

✣「死傷者ゼロ」政策は職業的兵士への侮辱

第一次世界大戦の開始とともにドイツ軍兵士を前線まで運んだ列車のように、日本では憲法改正のための、止めることが不可能な長距離トラックがすでに車庫を出ました。安倍晋三氏が憲法九条の改正によって日本がより強力な独立国となるのを追い求めていたこと、そして第二次世界大戦中の日本軍による残虐行為という、他国の国民感情に触れる問題について人を困惑させる歴史修正主義者の立場をとったことは、国際関係での日本の影響力を弱める結果となった、というのが大方の見解です。プードルの群れに加わり、期限切れとなったアメリカ政府に軍事的に接近することは、いまはもう流行りません。

ヨーロッパの辺境にある人口四五〇万の小国アイルランドが、世界第二位の経済力を持つアジアの国、日本と、国際外交をすすめてゆく上での教訓を共有できるはずはありません。経済が比較的好調であることは認めても、どうしてこの小さな国、アイルランドの見解が国際社会で尊重されるでしょうか？

私たちが植民地政策の犠牲者だったことは事実です。六百年を超える植民地政策の抑圧は、アイルランド人口の一五倍もの移民を世界に送り出し、私たちの文化と芸術を広め、また国際政治におけるアイルランドの影響力を高めたことも事実です。

私たちは平和主義をかかげて国家を建設してきましたが、その一方で、自国の防衛、あるいは国連の承認の下でどのような国際紛争に軍事参加するのかを選択することに厳格な基準を設けつつも、制限を加えてはいません。一人当たりのわが国の防衛予算の指数はG

DPの一パーセント未満で、日本のそれとだいたい同じです。

たとえ世界平和の名の下でも、兵士を危険な場所に派遣することが死と負傷のリスクを伴うのは分かっています。私たちもこれまでに八五人の自国兵士を悲しみと誇りの中で失いました。

日本では、民間人か軍人かにかかわらず、紛争地帯に人を派遣するリスクが、必要以上に嫌われていることは外国でもよく知られています。最近、駐日アフガニスタン大使のハロン・アミン氏は、新聞記者のインタビューで日本もアフガニスタンの国際治安支援部隊（ＩＳＡＦ）に自衛隊を派遣すべきかとたずねられたのに対し、「アフガニスタンでは日夜、戦闘が行われているので、日本が死傷者ゼロ政策に固執する限りそれは難しいでしょう」と答えました（朝日新聞、二〇〇七・一一・一九）。「それは冗談ではないのですよ」と彼は言い、「もしあなたが大きな石を持ち上げられないのなら、他の人にやってもらいなさい」というアフガニスタンの諺《ことわざ》を紹介しました。彼はまた日本の政策変更と軍隊の派遣が理想的だと言いながら、非戦闘部隊による民生復興支援もありがたいと提案しました。それが出来なくとも、民間人の技術支援も有益でしょう。

防衛費に年間約四百億ドル以上もかけている世界第二位の経済大国に対して、一発展途上国の政府高官が、死傷者ゼロ政策に対して、憐れみを含んだ発言をしなければならなかったのは、やはり驚くべきことです。祖国や人道を守るための適切な任務に従事する兵士たちに死傷者が出るのは避けられません。仕事にリスクはつきもの、というのが、兵士の見解です。本当に、「死傷者ゼロ」というのは、激動する国際政治の中にあって、猛烈に内向きで身勝手な政治的自己愛であり、成熟した主権国家にとっては、耐え難い屈辱であるはずです。さらにそれは、プロの兵士に対する侮辱であります。紛争における介入する側の犠牲は、成熟した国家が軍隊を派遣するならば、人道主義の遂行のために当然支払わなければならない代償なのです。

兵士は「兵士」として派遣されるべきで、そうでないのなら、派遣されるべきではありません。

社会保障の援助を求める年老いたホームレスが大都会の真ん中で餓死することを許し、大変な数の若者の自殺者数を改善できない国なのに、人道支援におけるリスクへの嫌悪を無くすことがなぜそんなに難しいのでしょうか。日本人は世界平和のためには死ねないのに、日本の街の中では人が毎日死んでいるのです。国家の枠組みを越えて物事を見ることができない内向きの傾向が日本にはあります。なぜ、アフガニスタンで日本人兵士が死ぬことが、渋谷で年老いた浮浪者が餓死することより、あるいはまたストレスを溜め込んだ若者が大阪で集団自殺をはかることより恐ろしいのでしょうか？　国境を越えて人道支援を行う価値とは、日本人にとって何なのでしょう？

✣日本に問われているもの

人道援助のための犠牲に対する極度の恐怖症の理由は、たぶん日本人の外国嫌いにあります。「なぜ外国人のためにわれわれの若者を失わないといけないのか？」電車の中で外国人が近くに座っていると、外人は臭いと席を変わることなどに、日本人の自国での外国人に対する態度が特徴的にあらわれていると私は思います。これはまた、来日する外国人に対する入国管理での新しい厳重な審査手順にもあらわれています。

アイルランド人は国境を越え、海を越えて旅してきましたし、きびしい入管審査にもかかわらず、国境を開いてきました。経済の好況を受けて、拡大ＥＵから職を求めて外国人がやって来るにしたがって、アイルランド内の文化的多様性は非常な速さで広がっています。ほとんどのアイルランド人はこの外国人移民の増大を、経済成長のために必須の労働力を提供してくれる、同時にわが国の特色を高め、わが国に彩《いろど》りを添えてくれる人たちとして見ます。

外国人に対する向き合い方において、アイルランドと日本は対照的です。急速な高齢化がすすみ、人口が減少に向かう現在の状況下で、日本はやがて単純作業どころか製造業でもサービス業でも労働者を見つけることが出来なくなるでしょう。さしあたりは、女性に対し、見せかけだけの受動的な法律ではなく、最初のうちは逆差別をしてでも女性を職場に呼び戻し、日本の職場での女性の地位を高めることが必要でしょう。そして次の何十年かは、日本人の外国人に対する態度を再考し、外国人の体臭に顔をそむけなくとも過ごせるように学習する必要があるでしょう。そうすることで、日本人労働者が減少した後も、日本は外国人を惹《ひ》き付けてある程度の経済成長が見込めるようになるかも知れません。

さる（〇七年）一一月七日の新入管法施行後最初の一週間で、三九〇〇万ドルをかけた新しい入国管理手順は五件のビザ違反を発見し、彼らの国外追放の準備をしました。が、今後二五年以内に、日本は五〇〇万の外国人居留者に滞在日数延長の願いをすることになるでしょう。

平和主義の決意表明、経済の好調、国境の開放、そして北アイルランドの国内紛争解決の成功を通して、アイルランドは経済成長を促進させること、そして経済力や軍事力では決して得ることのできないソフトで知的な力を確保できることを学びました。

国際関係を考える時、日本が過去に締結したナチス・ドイツとファシスト・イタリアとの三国同盟の記憶がまだ残っている間は、憲法第九条の存在は、より高い地点からの展望を与えてくれるとともに、日本が参加できる紛争介入の性質について深く考察する機会を日本人に与え続けるはずです。

自衛隊は第九条が存在したにもかかわらず創設されました。そしてその自衛隊は、イラクへも派遣されました。九条についての拡大解釈は、ここまで進んできましたが、しかし、それはまだ日本政府の官僚や政治家たちの貧弱な発想の範囲を超えていないようです。日本は平和への貢献において、アジアだけでなく世界をリードしてゆける特別の素質を持っています。そのために選べる選択肢もいくつかあります。はたして日本の政治は、その可能性を実現するための成熟度、ビジョン、勇気、そしてリーダーシップをそなえているのでしょうか？

（翻訳協力　岡田　奈緒美）

「軍事大国」か「外交大国」か
――日本の選択

ノルウェー・トロムソ大学哲学修士課程で憲法9条を研究
現在、東京外語大博士課程で9条に関する論文を準備中
グンナール・レークビィック

日本は、かつては侵略戦争の主役であったが、第二次世界大戦での敗北を境にして平和主義国家に転換した。そして前例のない奇跡的な経済成長をなしとげた。第二次大戦において、日本軍は「神国・日本」という選民思想の下、残虐行為を重ね、アジアを戦火にさらしたが、日本自身も物理的、道徳的に崩壊した。(Galtung, Johan, Peace by Peaceful Means, p. 202)

日本は無条件降伏を受け入れ、マッカーサー司令官に率いられた連合国軍総司令部の占領支配下に入った。「現人神《あらひとがみ》」であった天皇は普通の「人間」となり、軍隊は解散させら

れ、統治権は人民の手に渡った。日本の民主化は人民の手によってではなく、占領軍の手によって強制的に行われた。明治憲法（大日本帝国憲法）は抜本的に改正され、新憲法が施行された。この日本国憲法は人民に力を与えただけでなく、父権制を廃止し、欧米流の自由主義に基づいた法律を施行し、地方分権を実現させた。その最も重要な点として、憲法第二章第九条に書かれているように、「戦争放棄」を明示したことが挙げられる。一九四七年五月三日、新憲法が施行され、日本は平和と民主主義の国へと移行した。

以後、半世紀以上が経過し、戦後生まれが国民の大半を占めるようになった。敗戦後の日本が壊滅状態となり、疲弊しきっていた事実は歴史の闇に葬られつつある。日本は米国の支援はあったものの基本的には自力で復興し、世界第二位の経済大国になったが、あわせて軍隊も世界有数のものを保有することとなった。英国際戦略研究所の発表（〇六年）によれば、日本の軍事予算は世界第六位である。こうして日本の民主制は大きなジレンマを抱えることとなった。平和主義を標榜し、軍備を否定する憲法を有する国家が、どうして「自衛」の水準をはるかに超えるハイテクの軍隊を保有できるのだろうか。

日本国憲法の施行後早くから、日本政府は第九条を改正、または廃止しようとしてきた。しかし一方の事実として、この平和条項により日本はアジアの戦争に参戦することができず、東アジア地域における政治的安定を創り出すのに寄与している。

本稿は、憲法第九条と前文に述べられている平和主義の構造を理解することを目的とする。なぜ、それらの条項が必要なのか、その機能は何なのか。また、第九条改正への圧力はなぜ存在するのか。そして最後に、日本がこの憲法の期待にかなうことができるのか、ということを議論したいと思う。

✣日本国憲法における平和主義の構造

日本が現在直面しているジレンマを理解するためには、日本の戦前と戦後の違いを検討しなければならない。民主制が生まれる時には、必ず紛争状態が生み出される。なぜなら、民主主義は通常、人民の手によって生み出され、勝ち取られるものだからだ。

戦前の日本には一八八九（明治二二）年に明治天皇の名によって公布された大日本帝国憲法が存在した。その新憲法との第一の相違点として、君主である天皇の権力が絶対的であったことが挙げられる。明治憲法では、主権者である天皇が強大な権力を持ち、ひいては全能であるとされていた。

戦後、新憲法によって日本は大きく変革された。主権は国民の手に移った。現在の日本では権力は国民が掌握し、その権力は政治家によって代表されている。国民は選挙権を持ち、それ故に基本的に国家の意志決定者である。第一五条では「公務員を選定し、及びこれを罷免することは、国民固有の権利である」と述べられている。そして日本国憲法では、次の二つの条項で平和について述べている。〈前文〉の後半部分と第九条である。

〈前文〉

日本国民は、恒久の平和を念願し、人間相互の関係を支配する崇高な理想を深く自覚するのであつて、平和を愛する諸国民の公正と信義に信頼して、われらの安全と生存を保持しようと決意した。われらは、平和を維持し、専制と隷従、圧迫と偏狭を地上から永遠に除去しようと努めてゐる国際社会において、名誉ある地位を占めたいと思ふ。われらは、全世界の国民が、ひとしく恐怖と欠乏から免かれ、平和のうちに生存する権利を有することを確認する。

〈第九条〉

1．日本国民は、正義と秩序を基調とする国際平和を誠実に希求し、国権の発動たる戦争と、武力による威嚇又は武力の行使は、国際紛争を解決する手段としては、永久にこれを放棄する。
2. 前項の目的を達するため、陸海空軍その他の戦力は、これを保持しない。国の交戦権は、これを認めない。

〈前文〉と九条のこの二つの条項において、日本の外交政策の基本方針が語られている。第九条では明確な言葉で日本が軍隊や軍隊の脅威を利用することを否定している。〈前文〉では、日本が専制政治、奴隷制、政治的抑圧そして不寛容と戦う義務があると述べられている。平和を愛する人民として、自分たちが享受しているのと同じ条件で世界中の人々が生きる権利を有する、ということを認識するべき義務を謳《うた》っている。

第九条は「直接暴力」つまり「戦争」、そして「破壊活動（人民を傷つけたり殺したりする行為）」について言及している。他方、〈前文〉は、抑圧や搾取、差別といった社会構造上の異なった力関係に基礎を置いている「間接的または構造的暴力」について言及している。間接暴力もまた殺戮を伴うが、それは直接暴力に比べてより緩慢に行われる。この直接暴力と間接暴力を組み合わせることによって、「文化的暴力」が形成される。第二次大戦中、日本はアジアにおいてナチスドイツと類似した文化的暴力を行った。日本やドイツによるものだけでなく、人類の歴史においては数え切れないほどの文化的暴力が行われており、現在でも例えばアフリカのダルフール地方において行われている。

日本国憲法の平和主義は、国民に対し、非暴力的な手段を使って「直接暴力」（第九条）、「間接暴力」（前文）、そして文化的暴力に対してたたかうことを求めている。もしこれが達成されれば、日本は積極的な平和を構築することになる。「積極的平和」とは、人々が、直接・間接暴力を受けることなく、恐怖や欠乏のない社会で生活できるということである。これに対し、「消極的平和」とは、直接暴力はないが間接暴力は存在している状態をさす。

✣拡大される第九条の解釈

紛争地域は、たいてい国連に代表される平和維持活動によってある程度の決着がもたらされている。これは人間の安全を保障するために必要なことと言わねばなるまい。しかし日本の憲法第九条は、平和維持活動のためにも軍隊を派遣することを禁じている。ここに明らかに日本の民主制のジレンマが存在している。巨額の軍事費、自衛隊の存在、そして日本がイラクやインド洋に派兵したという事実は、すべて明らかな違憲である。一九五四年に自衛隊を発足させて以来、日本は陸海空軍を維持することによって違憲状態を続けてきた。二〇〇四年にはついに自衛隊は米国の同盟軍としてイラクに送られた。一九九九年に行われた憲法解釈の見直しによりこれが可能となったのだ。

地域紛争に対して自衛隊を派遣する法的な枠組は、一九九九年に国会が日本を取り巻く地域の紛争状況に関する法律（周辺事態法）を成立させた時に成立した。地域紛争の際に米軍をサポートするため自衛隊の派遣を可能にすることによって、この法律は、第九条の解釈の下で日本の軍事的役割を最大にした。さらにその後も、日本政府の第九条解釈は微妙に変化している。二〇〇三年の武力攻撃事態法をはじめとする有事関連三法案において、小泉政権は「自衛権」の解釈を広げて、国防のためには米軍に軍事協力をすることを辞さないということにした。（Kliman, Daniel M., Japan's Security Strategy in the Post-9/11 World: Embracing a New Realpolitik, p.25）

このようにして、日本はイラクに陸上自衛隊を派遣することができるようになったのだが、しかしこれは憲法九条に違反している。日本が憲法の前文の期待にかなうためには、日本は国連安全保障理事会に要請されたとき、そして一九九二年制定のＰＫＯ協力法に従うときに限って、自衛隊を派遣するという解釈がなされた。（Heinrich, L. William, et.al, UN Peace-Keeping Operations, p. 115 - 132）

対日平和条約の発効により日本が独立を回復した一九五二年に、第九条を含め憲法の条項を改正する機会があった。しかし日本は、改正をしないという道を選択した。これにより、憲法は日本国人民のためのものとなり、他から押し付けられたものではなくなったと考えるのが妥当と思う。

第九条改正の問題は現代日本の最大の政治的争点の一つとなっている。時間が経過するにつれ、憲法を改正するというのはどの国でも行われていることである。憲法は静的ではなく動的なものだ。人々の思考・態度は時とともに変化するし、憲法はこれを反映しなければならない。しかし第九条は、非暴力的な手段を使って直接暴力・間接暴力に対してたたかうという、日本がアジアの諸国、そして世界中の人々に対する約束を未だに実現していないのだ。

✣アジアの政治的安定をもたらした第九条

以上に述べたように、第九条は拡大解釈され、新たな違憲状態を生み出してきたが、一方、事実としていくつかの機能を発揮してきた。

第九条はまず、核兵器産業を否定した。日本は五〇基もの原発を持つことにより核兵器を製造する原材料も技術も保有しているが、核兵器を持とうという声はない。第九条の存在がそうさせている。

第九条はまた、日本の軍事費を制限している。日本の軍事費はＧＤＰ（国内総生産）の約一％である。日本には軍産複合体はない。兵器を製造している企業は存在するものの、アメリカのような軍産複合体が存在しないのは、第九条の存在によって兵器の輸出が禁じられているからだ。なお、軍需産業の中で獲得された軍事用技術が民生用技術にも波及し、それがその国の経済全体の繁栄にも貢献するという説もあるが、兵器輸出国でないドイツと日本の存在が、この説が憶説の域を出ないことを証明した。

第九条は、国際的にも大きな機能を果たしている。何よりも第九条はアジア地域の政治的安定をもたらした。日本が第九条を含む憲法を採択したことは、日本人が第二次大戦中に残虐行為を犯したことを深く後悔していることを示している。そのことにより、第九条は日本の軍国主義に苦しめられた現在のアジア諸国に対して安全保障を提供している。立命館大学の君島東彦教授は、日本国憲法の起草に際して、ワシントンに置かれていた極東委員会（ＦＥＣ：中国、インド、フィリピン、オーストラリア、ニュージーランド等一一ヵ国で構成）が影響力を持っていた、と述べている。さらに日本の戦後憲法は、アジア諸国内で平和を維持するための一種の契約として機能していると述べている。

さらに第九条は、紛争解決のために最適の外交手段を日本に提供する側面があると思う。今日では多くの紛争が、軍事力の強い国や組織（アメリカ、フランス、イギリス、あるいはNATOや国際連合等）に依存している。これらの国や組織は、紛争地域に介入したり、外交的な解決を図ることができるが、それは強力な軍事力に支えられているからであるということを忘れてはならない。つまり、軍事力の脅威を利用しているのである。しかし日本国憲法と第九条は、日本が紛争解決のために軍隊や軍隊の脅威を利用することを否定している。

この状況は、私の母国であるノルウェーと似ている。ノルウェーは平和政策の基本原理の一つとして、紛争状態にあるグループ間による話し合いのための「保護された場所」を提供することにしている。ノルウェーはまた、すべての国と友好関係を築こうとしている。しかし、ノルウェーがこの方針を達成するのは難しいと見る向きもある。理由は、ノルウェーがNATO（北大西洋条約機構）に加盟しており、アメリカ、フランス、イギリスといった国々の利益のためにも尽くしていると言えるからである。それらの同盟国は、残念ながら地球上すべての国と友好関係を結んでいるわけではない。ノルウェーはまた、軍隊や軍隊の脅威を利用する権利を保有している。

こうしたノルウェーに対し、日本は第九条の下で、他国を武力で威嚇せずに、すべての国との友好関係を築くことができる。

この日本の特性は、敵対関係にある当事者すべてを外交・交渉の場に引き出してくる能力を秘めている。国際社会は、ほとんどの場合、紛争が勃発する〝前〟の段階に、あまり注意を払わず、投資も人的投入も行わない。しかし、紛争が勃発すると、一転して国際社会の興味が喚起され、国連等を通して莫大な資金と人的資源が投入されるのだ。日本の外交は「小切手外交」だと言われ続けてきた (Hayes, Louis D., Introduction to Japanese politics, p. 265)。しかし、この「小切手外交」は、紛争が勃発する前にこそ、その本領を発揮するべきだ。日本は、「平和維持」ではなく「平和構築」において最も理想的な役割を果たせる国であると思う。

「平和維持」とは、停戦が達成された後の状況で、傷口がそれ以上拡がらないように対処する〝救急ばんそうこう〟のようなものだ。それに対して「平和構築」とは、政治的闘争が武力紛争に発展する可能性をいかに減少させるか、もしくは、一度起きてしまった武力紛争の再発をいかに防止するかを追求する外交的戦略である。

✣第九条改正への圧力

皮肉にも、日本国憲法が施行されて以来、常に第九条改正への圧力が存在した。圧力は国内・国外を問わず存在し、保守派の自民党、そして野党の民主党の一部も第九条の廃止、もしくは少なくとも第九条が改正されることを望んでいる。

国内での圧力は、主に保守勢力からのものである。保守勢力の主な九条改正議論としては、「自衛」の問題と同盟国アメリカとの関係が挙げられる。第九条が存在するから、日本は脆弱であり、「自衛」をすることができないと保守派は主張するが、それは事実ではない。なぜなら、自衛権を持つのは独立国家の否定できない権利であるからだ。日本の軍事費は世界で六番目に大きい。私は、現在の日本は自国の力のみで「自衛」することが十分できると考える。

保守派の他の議論としては、同盟国アメリカがもし攻撃された場合、日本が援護できないのは問題ではないかというものがある。安倍政権の下で持ち出された議論である。ここで攻撃してくる国は北朝鮮が想定されている。もし北朝鮮がアメリカに向けてミサイルを発射したとすると（北朝鮮が発射できればの話であるが）、日本はそのミサイルがアメリカに向かっているのを知りながら現状では撃ち落とすことができないというのである。しかし、この議論は無効である。私が本稿の初めの方で述べた一九九九年成立の法律（周辺事態法）が存在するし、アメリカは現実問題として、日本のミサイル基地にパトリオットミサイルを配置し、また海上発射の迎撃ミサイルも共同開発して配備させ、日本本土のみならずアメリカ本土をも保護させようとしているのだ。

民主党の中にも第九条の改正を主張する声がある。彼らの姿勢は保守派のものとは少し違っている。彼らの議論は、日本は国際連合に命じられている平和維持活動に協力する義務があるというものである。この人々は、日本国憲法の〈前文〉について、日本は平和維持活動に協力する道徳的義務を有しており、このことが憲法自体を美しいものにしているのであると述べている。しかし、第九条はこの義務を否定しているというのだ。

第九条の改正には国外からの圧力もある。第二次大戦後、アメリカは賢明にも日本に平和憲法を施行させたが、その「過ち」をすぐに悟った。冷戦後の今日も、アメリカは同盟軍を必要としており、戦争遂行に協力的で、十分な人口と経済力の両方を保有する国を求めている。

最後に、第九条改正への圧力として、「恐怖」が挙げられる。民主主義社会において、国民に不人気な政治的改革をする時に、政府によって使われる手段が「恐怖」の創出である。日本においては現在、メディアが北朝鮮やテロに関する「恐怖」をかきたてる宣伝(プロパガンダ)が行われている。日本もアメリカと同様、「テロとの戦い」を呼号して、国民に「恐怖」を植え付けている。日本は、9・11同時多発テロ後、「テロ防止法」(テロ対策特措法)を成立させた最初の国の一つである。

✣第九条が開く「非暴力的国防」の道

日本は巨大な軍事費を投入して近代的な軍隊を保有し、日米安全保障条約という軍事同盟を持ち、自衛隊をイラクに派遣しているにもかかわらず、第九条は現在でも日本国憲法の重要条項として君臨している。一方で、第九条は東アジアの軍事的緊張状態を緩和させるのに役立ち、かつての敵国との話し合いを可能にする。もし日本が第九条を改正するとなると、それは前進ではなく、後退になるであろう。そうなれば私たちは、緊張緩和状態にある東アジアが再び緊張状態に戻る様子を見ることになるであろう。私たちはまた、日本が再度、第二次大戦の頃のように国粋主義的になってきていることを認識している。そうした流れの中で、第九条を遵守することによって、日本は現在もなお国際平和への希望塔として存在していると思う。

第九条はまた、「非暴力的国防」という名の新たな道を切り開いているとも言える。この防衛方法は国外でも成功した例がある。ナチスドイツ占領下のノルウェーでの抵抗、ガンジー主導のインド独立運動、南アフリカの反アパルトヘイト闘争、そしてソ連の侵攻に対するチェコスロバキアの抵抗などが、その例として挙げられる。第九条は、無政府状態になりかねない国際社会の中で、近代国家がどのように機能するかという新たな規準を提示している。第九条は、国々が限りある資源を争奪しあっている（例えばダルフール紛争）荒涼たる未来に、国際関係をどのように構築してゆくかという枠組を提供している。

「信用」に関することについても少し述べたい。ドイツがこれまで経験してきたことは日本のそれとはかなりかけ離れている。第二次大戦後のドイツの憲法にも反戦構造が組み込まれている。しかし、ドイツはヨーロッパ社会の中に統合されており、それゆえにかつての敵国や隣国との間に「信用」が再建された。またドイツの法律はナチズムやその再発に対して非常に厳しくつくられている。それとは逆に、日本では、戦犯が祀られている靖国神社が公的な存在として、国家元首も参拝が可能である。それでも日本は、第九条を有するという点で、「信用」を辛うじて維持しているのだ。

以上に述べてきたように、日本国憲法は国際紛争での和平達成に必要な手段を、政府に提供している。〈前文〉と第九条を組み合わせることによって、日本は「軍事大国」ではなく「外交大国」になることができる。日本は紛争解決への戦略的プロセスを形作るのに、第九条がもたらす道徳的卓越性をもとに稀有の外交力を発揮することができると思う。

日本はいま岐路に立っている。日本は第九条を改正し、軍隊を持ち、軍事大国となって平和維持のために紛争地帯に入るという道を選択することもできる。一方、日本は、今以上の再解釈をすることなしに、第九条にのっとり、外交術を駆使して紛争地帯に入るという「外交大国」になる道をとることもできる。日本は平和維持ではなく、調停・非暴力的紛争解決・平和構築に秀でた潜在力を秘めている国である。

一九五二年に日本が主権国家として独立を取り戻した時のことを思い出してほしい。日本政府は戦争の恐怖や爪痕が未だに残っていた時期に、第九条を守ることを選択した。日本がとった選択をわれわれは忘れてはならない。私は第九条支持の立場を取るが、その是非は読者に委ねられている。

（翻訳協力　登道　孝浩）

執筆者＝略歴

伊勢﨑 賢治（いせざき けんじ）
1957年生まれ。早稲田大学理工学研究科修士課程修了後、留学したインドでスラム住民の居住権獲得運動に携わる。その後、国際ＮＧＯに参加、アフリカ各地で活動。東ティモール、シエラレオネの国連ＰＫＯで紛争処理の指揮をとった後、2002年よりアフガニスタンにおいて外務省特別顧問として日本政府が引き受けた「軍閥」の武装解除を指揮した。現在、東京外国語大学大学院地域文化研究科教授（平和構築・紛争予防講座)。著書『武装解除』（講談社現代新書）『ＮＧＯとは何か』『東チモール県知事日記』（いずれも藤原書店）他

播磨 益夫（はりま ますお）
1933年生まれ。大阪大学法学部卒後、法務省に入省。67年、参議院法制局参事となり、84年より同法制局第５部長、第４部長、第３部長を務める。89年より参議院法務委員会調査室長（特別職）を務め、94年に退官。現在、弁護士（日弁連司法制度調査会特別委嘱委員)、東京リーガルマインド大学特任教授。

デズモンド・マロイ
アイルランド国軍大尉としてレバノンで国連平和維持軍、カンボジアで国連軍事監視団員を務めた後、国際赤十字やＮＧＯ幹部職員としてボスニア、ルワンダで緊急援助に従事。その後、シエラレオネとハイチで国連ＰＫＯ上級幹部として武装解除の責任者を務める。現在、東京外語大大学院地域文化研究科・平和構築と紛争予防講座伊勢﨑研究室特別客員研究員

グンナール・レークビィック
ノルウェー・トロムソ生まれ。米国テンプル大学で文化人類学と日本学を専攻する中で憲法９条に出会う。その後、研究のために日本での自費滞在を経て、母国トロムソ大学で憲法９条をテーマに研究、哲学修士課程を修了。08年４月より東京外語大学院博士後期課程にて憲法９条に関する博士論文を執筆予定。

伊勢﨑 賢治（いせざき けんじ）
1957年生まれ。東京外国語大学大学院地域文化研究科教授（平和構築・紛争予防講座）

日本の国際協力に
武力はどこまで必要か

●二〇〇八年 四 月 一 日――――第一刷発行

編著者／伊勢﨑 賢治

発行所／株式会社 高 文 研
東京都千代田区猿楽町二―一―八
三恵ビル（〒一〇一＝〇〇六四）
電話 03＝3295＝3415
振替 00160＝6＝18956
http://www.koubunken.co.jp

組版／株式会社WebD（ウェブ・ディー）

印刷・製本／株式会社シナノ

★万一、乱丁・落丁があったときは、送料当方負担でお取りかえいたします。

ISBN978-4-87498-399-7 C0036